사교육은 줄이고 내실은 키운 아이들의 비결

내 아이의 학라밸

사교육은 줄이고 내실은 키운 아이들의 비결

내 아이의 학라밸

아이들 삶의 질이
결국 성공의 길!

지금 당장 학습과 일상의 균형
'학라밸'을 선물하자

지은정 ㅣ 지음

★★★★★
현직 교사들이
적극 추천하는
자녀 교육서

Study-Life Balance

문예춘추사

지금은 아이들의 '학라밸'에
관심 가져야 할 때

얼마 전 뉴스에서 2022년 통계청 기준 '아동, 청소년 삶의 만족도'가 OECD 국가 중 최하위를 기록했다는 발표가 있었습니다. 엄청난 뉴스이지만 근 20여 년간 해마다 반복되었기에 이제 사람들은 그다지 놀라지도 별 관심을 기울이지도 않는 듯합니다. 우리 사회에서 아동, 청소년들의 '삶의 질' 문제가 이제는 방치하는 깨진 유리창이 된 게 아닌가 싶습니다.

이런 뉴스를 접할 때면 오래전 일이지만 아직도 어제 일처럼 생생하게 기억나는 학부모 상담주간 때의 일화가 있습니다. 교실 책상 맞은편에서 지호(가명) 어머니께서 주저하며 천천히 말씀을 이어가셨지요.

"선생님, 지호가 중간고사 앞두고 자기 방에서 공부할 때 제가 소파에서 안 자고 지키고 있었어요. 잠이 안 오더라고요. 어렸을 때부터 잘한다는 이야기를 많이 들었던 아이라 정말 잘 키우고 싶었거든요. 감시를 하려고 한 건 아닌데 결국 감시하는 게 돼버렸죠. 그렇게 지키고 있다가 화장실 가려고 나오는 아이 뒤통수에 대고 심지어 '너! 화장실 쓰려면 똑바로 써. 그리고 왜 이렇게 자주 가? 도대체?' 이렇게 쏘아붙이고 있지 뭐예요. 아니 더 심하게 말했던 거 같아요. 말을 뱉고 나서 순간 깜짝 놀랐어요. '내가 지금 무슨 짓을 하는 거야? 고작 중1짜리 애한테…' 아이를 친척이 있는 호주로 잠시 보내보기로 결정한 이유예요. 학원이며 과제며 허덕이는 아이를 보는 것도 괴롭고, 그렇다고 주변 아이들은 다 앞서가는 것 같은데 학원을 안 보낸다면 집에서 뒹굴뒹굴할 아이를 인내심을 가지고 바라볼 자신도 없는 나, 갑자기 불안감이 밀려오면서 아이를 다그치다 심지어 화장실 횟수까지 잔소리를 하다니… 더 나빠지기 전에 잠시 아이와 떨어져 있어보기로 했어요."

지호는 반짝이는 까만 눈동자와 웃는 반달눈이 인상적인 남학생이었습니다. 중1 남학생답게 초등학생 티가 많이 남아 있었지만 그래서 더 사랑스러웠던, 공부도 상위권인 아이였습니다. 애살맞은 성격으로 친구들에게 인기도 많았고요. 그런데 언제부터인지 지호가 전과 다르게 짜증이 좀 는다 싶더니 2학기 중간고사 후에 학교로 오신 어머니의 말씀을 들었습니다. 어떻게 반응을 해드려야 하는지 모르겠어서 당황스러웠어요. '얼마나 마음이 아프고 괴로웠으면 이렇게 속내를 내보이시며 속상해하실까…' 하는 생각에 안타까운 마음이 들다가도, 그 당시 저는 아직 아이 육아를 해보기 전인 경력도 많지 않은 교사여서, '고작 중1 가지고 이럴 일인가… 이해 불가다. 아무리 공부 경쟁이 치열한 동네라 해도 그렇지, 애들이 너무 안됐구나'라는 생각이 들기도 했습니다.

아직도 그 기억은 생생하지만 강산이 바뀔 만큼 세월이 흐른 지금, 이제는 눈가가 붉어지도록 속상해하시던 지호 어머니의 마음을 너무나 알 것 같습니다.

세월이 이렇게 흘렀지만 우리의 교육 현실은 별로 변한 게 없습니다. 아이를 너무 사랑하지만 끊임없이 불안해하는 학부모와 그 틈을 노려 잘못된 정보와 부추김으로 불안감을 증폭시키는 사교육 마케팅, 과중한 학업 스트레스에 시달리는 아이들….

모든 게 자식 잘되라고 하는 거지, 일부러 고생시키려 하겠느냐고 할지 모르겠지만, **사교육에 지나치게 의존하지 않고, 학습과 일상의 적절한 밸런스(학라밸)를 지키면서 아이 그릇에 맞게 즐겁게 공부하고도 괄목할 만한 성장을 이루고, 자신이 원하는 방식의 행복한 삶을 사는 어른으로 자란** 제자들 경우도 많이 있습니다.

그렇다면 도대체 순탄하게 행복의 길을 걷는 아이들이 가진 남다른 특성은 무엇이며, 또 그들에게 비결이 있다면 그것은 무엇일까요? 이 책에서는 그에 대한 이야기를 나누려 합니다.

우선, 교육 현장 한가운데 있는 사람으로서 사명감을 가지고 20여 년간 쉬지 않고 관찰하고 기록해온 내용과 정보, 이를 한 아이의 엄마로서 내 아이의 양육에 적용하며 느낀 점과 해결방안 등을 구체적으로 이해하기 쉽게 소개하였습니다.

그리고 가정에서 부모님들이 이 책에서 제안하는 것들을 바로 적용할 수 있도록 **대화 예시문, 활동도입 과정**들을 제시하여 이 책이 실질적인 도움이 되고자 했습니다.

점점 더 끝없는 경쟁으로 치닫고 진위를 알 수 없는 자극적인 교육정보가 홍수를 이루는 아이들의 현실에서 그들이 겪는 심리적인 고통과 막막함에도 우리의 관심이 필요합니다. 학생들 상황을 좀 더 따듯한 시선으로 바라보고 소신을 갖고 그릇된 정보에 휩쓸리지 않는 부모가 될 수 있기를, 아이와 함께 성장하는 부모로서의 특권과 기쁨을 오롯이 즐길 수 있기를, 그 과정에서 이 책이 조금이라도 도움이 되기를 간절히 바랍니다.

2 부　교실에서 관찰한 잘되는 아이들의 가장 큰 비결

3 부 성적이 다가 아니야, 넓게 보고 가도 괜찮아!

4 부 관계의 힘
– 교사와의 관계 / 자녀와의 관계

8장 │ 공교육에 긍정적 태도를 갖게 하자

9장 │ 손상되지 않게 잘 지킨 자녀와의 관계가 사교육을 이긴다

더 이상 떨어질 곳 없는 학생들의 삶의 질

"왜 세상에 나를 태어나게 했느냐.
재미있는 일은 하나도 없고
해내야 하는 일만 있을 뿐이다"라는 아이들 항변에
어른들은 그렇지 않다는
확실한 답을 줄 수 있어야 한다.

1부

1장

"아이가
실망스러워요.
학원을
더 보내야겠죠?"

드라마 속 현실 이야기
– 학원가 편의점 10시 풍경

요즘 구직자들의 고려 1순위는 워라밸, 저녁 있는 삶이라고 한다. 고소득도 좋지만 그보다는 삶을 즐길 수 있는 시간과 여유를 더 원하는 청년들, 업무를 끝낸 후 일에 대한 스위치를 끄고 나와 가족을 위한 시간을 보내려는 그들의 라이프스타일은 이미 존중받으며 대세가 된 지 오래다. 직장 내에서도 요즘은 일과 후 저녁 회식보다는 점심 회식 아니면 커피 브레이크 타임을 이용해 친목을 다지는 게 자연스러운 일이 되었다.

그렇다면 우리 학생들의 삶은 어떠한가? 얼마 전 시청률 고공행진을 거듭하던 인기 드라마 '이상한 변호사 우영우'에서 보여준 밤 10시경 어린 초등학생들로 발 디딜 틈 없는 학원가 편의점 장면이 큰 화제가 된 적이 있다. 학원이 끝나는 틈을 타 허겁지겁 밀어 넣는 인스턴트 음식, 그나마도 편의점 안에 자리가 없어 길밥 (길 위에 서서 먹는 밥)으로 허겁지겁 끼니를 때운 후 그날 받은 엄청난 양의 학원 숙제를 해내기 위해 카페인 음료와 함께 스터디카페로 향하는 아이들⋯ 주어진 과제를 완벽하게 해내지 못하면 교실 밖으로 나가지 못하는 자물쇠반이라니⋯.

드라마라서 일부러 과장한 거 아니냐는 항의가 있었지만, 이는 실제로 일어나고 있는 일이다. 오늘 밤이라도 사교육 1번지라는 대치동까지 갈 필요도 없이, 지역 내에서 소위 학군지라고 불리는 공부 경쟁이 치열한 학원가를 나가본다면 그리 어렵지 않게 이런 장면을 볼 수 있다.

불과 9세, 10세 때부터 무거운 가방을 들고 장시간 책상에 앉아 자라면서 각종 질환에 시달리는 아이도 흔하다. 최근 척추측만증(진단 기준인 커브 각도가 10도 이상인 경우)으로 진단받은 환자의 약 40%는 10~19세 청소년이다.

2020년 한국청소년정책연구원이 발표한 '청소년의 건강 및 생활 습관에 관한 조사' 결과에 따르면, 한국 청소년의 평균 수면시간은 8시간 22분인 OECD 평균에 현저히 못 미쳐, 절반 이상이 수면 부족에 시달리는 것으로 나타났다. 학생들은 바쁜 스케줄 때문에 평균 일주일에 이틀 정도는 인스턴트식품으로 저녁을 때운다. 그리고 학생의 33.1%는 학교 체육시간 이외에는 운동시간이 없다고 답했다.

수 면

우리나라 초 · 중 · 고 학생들의 평균 수면시간은 **7시간 18분**으로 OECD 국가의 평균 수면시간인 **8시간 22분**보다 한 시간 이상 적은 것으로 나타났다.

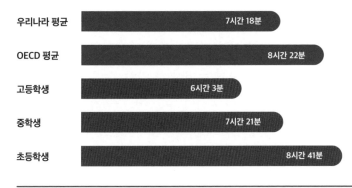

우리나라 평균	7시간 18분
OECD 평균	8시간 22분
고등학생	6시간 3분
중학생	7시간 21분
초등학생	8시간 41분

운 동

학생들은 일주일 평균 약 2.64시간의 학교 체육시간이 있다고 응답했으며 이 중 직접 운동을 하는 시간은 2.51시간인 것으로 드러났다.
응답한 학생들의 33.1%는 **학교 정규 체육시간 외에는 운동하는 시간이 전혀 없**다고 답했다.

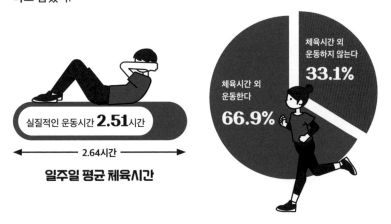

실질적인 운동시간 **2.51**시간

2.64시간

일주일 평균 체육시간

체육시간 외
운동하지 않는다
33.1%

체육시간 외
운동한다
66.9%

또한 2018년 한국교육개발원이 발표한 바에 따르면, 한국 초등학생이 방과후 학원 등 사교육에서 보내는 시간은 OECD 평균의 3배에 달하며, 이로 인해 아이들의 정신건강은 매우 위태로우며 스트레스 지수도 높은 편이다.

한마디로 어른들이 열심히 그들의 워라밸을 지키기 위해 투쟁할 동안 학생들은 기본적으로 누려야 할 영양, 수면, 휴식의 권리마저도 누리지 못하고 있는 것이다. 물론 부족한 학습 부분에 도움을 받기 위해, 혹은 예체능 능력 향상을 위해 사교육의 도움을 받는 것은 매우 자연스러운 일이다. 하지만 일상 시간표가 모두 학원을 중심으로 운영되고, 모든 것이 여기에 매몰되어버리는 요즘의 상황에는 분명 문제가 있다.

이제 **아이들의 학라밸, 즉 학습과 라이프 밸런스에 대해 심각하게 고민해야 할 때다. 저녁 있는 삶은 어른들에게만 필요한 것이 아니다.**

끊임없이 자신을 증명해야 하는
요즘 아이들

본디 테스트, 시험이라는 것은 배운 내용에 대한 이해도를 측정하고 부족한 부분을 진단해 이를 더 성장하는 발판으로 삼는 데 그 의미가 있다. 하지만 '시험은 곧 입시'라는 인식으로 인해 시험 성격이 다른 학생들과 경쟁해 이기는 것만을 목표로 하는 것처럼 되어버렸다. 어린 아이들에게는 이런 경쟁적인 분위기가 좋을 것이 없기 때문에 초등학교는 정기고사를 실시하지 않으며 평가도 매우 잘함, 잘함 등으로 등수를 매기지 않는다. 중학교도 공식적으로 등수 부여를 하지 않는다.

하지만 현실은 이런 취지가 무색하게 유치원생부터 이른바 레테시즌을 피해가지 못하고 있다. 연초 학원마다 반배정을 위해 보는 레벨테스트 시즌이 되면 4~5군데, 많게는 그 이상으로 학원을 방문해서 레벨테스트에 응시한다고 한다. 들어가기 어려운 학원이라는 이미지를 위해 마케팅 수단으로 통과하기 힘든 테스트를 내세우는 곳도 있고, 이곳을 높은 점수로 통과하기 위해 레벨테스트를 위한 과외도 성행한다고 한다. 취학 전 아이들부터 말이다.

이것은 어린 아이들에게 엄청난 스트레스일 수밖에 없다. 부모가 아이를 시험결과로 비교한다면 비교대상은 몇 개월 전 아이 자신이어야 한다. "○○ 부분이 부족했었는데 이번에는 좀 늘었구나"라는 식으로 말이다. **아이 자신의 성장과 성취를 축하하는 것에 집중**하는 것이 훨씬 생산적이기 때문이다.

그런데 현실은 그렇지가 않다. 레벨테스트라는 명목하에 끊임없이 다른 아이와 비교하고 자신을 증명해 보여야 하는 요즘 아이들, 이것은 아이들의 자존감 형성에도 매우 좋지 않고, 나중에 본격적인 수험생 생활을 할 때 시험에 대한 배짱을 기르는 데에도 해롭다.

"선생님, 전 시험 보려고 하면 심장이 콕콕 찌르는 것 같고 아파요."

중학생이긴 하지만 솜털이 보송한, 아직은 어린 학생이 한 이야기다. 무엇이 이 어린 학생을 이렇게 공포스럽게 했을까. 이런 말을 들으면 마음이 너무 아프다. 어린 시절부터 여러 가지 레벨테스트부터 시작해 잦은 시험으로 자신을 부족한 아이로 규정하고, 시험에 대해 공포가 생긴 경우, 이것을 극복하는 일은 상당히 어렵다.

중학교의 경우, 자유학기제 시행 후 중2 때 첫 시험을 본다. 이때는 부모와 학생들의 긴장도가 높고 끝나는 날은 지역 인터넷 카페가 게시글 풍년일 정도로 관심도 많다. 첫 시험 결과를 접한 학부모들 중에는 아이 성적이 기대에 못 미친다며 한탄하다 결국 마지막에는, "사교육을 추가해야겠죠?"라고 말하는 경우가 많다. 그런데 문제는 이 학생들 중에는 이미 학원을 여러 개 다니는 경우가 많고, 중2쯤이면 이미 번아웃(정신적, 육체적으로 기력이 소진되어 무기력함에 빠지는 현상)이 시작된 학생들도 꽤 있다는 것이다.

시험을 공부하는 방법, 과목별 시험 출제 특징을 파악하는 것도 시행착오를 통해서 체득해야 하는 것이다. 첫술에 배부를 수는 없다. 중학교 첫 시험도 자신의 학습 방법에 대해 검토하고 부족한 부분을 채워 나갈 수 있는 소중한 기회로 여기면 어떨까 싶다. 아이가 실망이 크고 충격을 받았다면 위로부터 해주는 것이 좋다.

그리고 보통 시험 후에는 학교에서 한 학기에 한 번 정도 상담 주간이 있다. 부모는 학교 선생님과의 상담을 통해 아이의 학교생활 모습을 알아보는 것이 좋다. 교사는 수많은 학생들 사례를 보아온 전문가이기 때문에 필요한 조언을 해줄 수 있고, 아이의 학교생활이나 학습 태도가 부모가 생각했던 것과 다를 수 있기 때문이다.

이때 문제점을 발견했다 하더라도 채근하지 말고 시험 시간이 부족한 과목은 없었는지, 혹시 부모가 도와주었으면 하는 부분이나 함께 분석해보고 싶은 부분이 있는지 물어보는 게 좋다. 그 후 아이가 사교육이나 인터넷 강의의 도움을 받고 싶다고 먼저 제안해올 수도 있다. 무엇보다 가장 중요한 건 아이가 고작 첫 정기고사로 자신의 한계를 규정하고 자신감을 잃지 않도록 격려해주는 것이다. 시험에 대한 시각을 다른 아이들보다 높은 점수를 얻느냐 아니냐에 집중하기 시작하면 '공부=결국 시험 치르기 위해서 하는 것'으로 인식하여 학습 흥미를 잃게 된다.

공부라는 것이 기본적으로 재미있을 수만은 없다. 따라서 지치지 않기 위해서는 학습에서 자신만의 오아시스, 성취의 즐거움을 하나씩 하나씩 발견해보는 경험이 굉장히 중요하다고 생각한다. 학부모들은 시험 결과를 확인했을 때 그 결과가 실망스럽더라도 일단 시험을 치르느라고 고생했을 아이의 노고를 알아주고, 조금이라도 성장한 부분을 찾아 칭찬해주는 것을 잊지 않도록 하자.

03

'재미있는 일은 없고
해내야 할 일만 있다'는 항변

요즘 청소년들과 젊은이들 사이에 '낳음 당했다'라는 혐오 표현이 있다고 한다. 부모 입장에서 들으면 정말 가슴이 아픈 이야기다. 케이프타운대 철학과의 데이비드 베너타(David Benatar) 교수의 저서를 보면 이는 비단 한국만이 아닌 전 세계적인 추세가 아닌가 싶다. 쉽게 말하면 '나는 사는 게 이렇게 힘든데 나를 왜 낳았나. 태어나지 않았다면 더 좋았을 텐데'라는 것이다.

어른들 입장에서는 아이에게 사교육을 계속 추가하는 것을, 치열한 경쟁 사회에서 살아남아야 하기 때문에 자녀의 행복을 위해서 그리 하는 거라고 말한다. 자신이 자랄 때 비하면 '요즘 학생들은 정말 누리는 게 많아 복에 겨웠다'라고 한다. 하지만 정작 아이들은 그러한 부모의 사랑 방식이 버겁고, '도태되지 않아야 한다'

는 외침이 버겁다.

　부모 세대는 자신의 노후준비를 포기하면서까지 막대한 사교육비를 투자하지만, 그들 자녀들 입장에서는 치열하고 힘들었던 학창 시절에 비해 사회에 나와 얻는 보상이 매우 미미하다. 미국

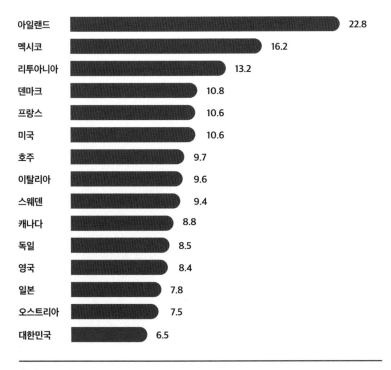

가장 적은 보상

한국은 교육비 지출 대비 얻는 국민소득이 OECD 국가 중에 가장 적다.

◆ 학생 1인당 교육비 대비 GDP 비율

국가	비율
아일랜드	22.8
멕시코	16.2
리투아니아	13.2
덴마크	10.8
프랑스	10.6
미국	10.6
호주	9.7
이탈리아	9.6
스웨덴	9.4
캐나다	8.8
독일	8.5
영국	8.4
일본	7.8
오스트리아	7.5
대한민국	6.5

출처: 블룸버그(Bloomberg)

경제 일간지 〈블룸버그(Bloomberg)〉에 따르면, 교육비 지출 대비 얻는 국민소득에서 한국은 OECD 국가 중 최저를 기록했다. 한국은 아일랜드에 비해 10대 자녀에게 40% 많은 사교육비를 지출하지만 그들이 사회에 나와 얻는 1인당 GDP(국내총생산)는 60%나 더적다.

폭발적인 경제성장이 이루어졌던 부모 세대와, 경제성장이 둔화하고 부동산 가치가 폭등해 근로소득 가치가 빛을 잃어가고 있는 지금 한국 사회 청년들의 상황은 많이 다르다. '가장 많이 배웠지만 가장 적게 벌고, 일하기 힘든 세대'라는 자조적인 외침은 무한 경쟁에서 살아남기 위해 아무리 몸부림친다 해도 무지갯빛 미래가 기다리고 있는 건 아니라는 것을 청년들도 이미 너무 잘 알고 있다는 뜻이다.

여기에서 '무민세대'라는 말도 등장했다. '없을 무(無)' 한자에 의미를 뜻하는 영어 'mean'을 합친 말이다. 즉 '무민세대'는 무자극, 무맥락, 무위휴식을 지향하며, 기성세대가 보기에는 그야말로 하찮고 아무 의미 없어 보이는 것에서 즐거움을 찾으며 스트레스를 벗어나려고 하는 것을 특징으로 한다. 이들이 얼마나 경쟁에 지쳐 있는지, 경쟁에 뛰어든다 해도 그 치열한 경쟁 끝에 잘될 거라는 기대감조차 없다는 사실을 무민세대라는 말에서 알 수 있다.

유치원부터 대학 입시까지 아이를 치열한 경쟁 구도에 던져두고 살아남아야 함을 종용하며, "넌 왜 이렇게 투지가 모자라냐"

고 채근만 할 게 아니라, 아이들의 마음과 막막함을 이해하려고 노력할 필요가 있다. 이와 같은 부모와 주변의 이해 노력만으로도 아이들이 앞을 알 수 없는 막막함, 무력감을 뚫고 나가는 데 도움이 될 수 있다.

"왜 세상에 나를 태어나게 했느냐. 재미있는 일은 하나도 없고 해내야 하는 일만 있을 뿐이다"라는 아이들의 항변에 어른들은 그렇지 않다는 확실한 답을 줄 수 있어야 하는 것이다.

쌤'톡

아이들의 학습과 라이프 밸런스 균형 붕괴가 심각하다. 아이들이 느끼는 좌절감과 막막함을 아이 입장에서 바라봐주는 것만으로도 변화를 만들 수 있다.

2장

학습과 쉼의
불균형이 가져오는
번아웃 증상

'아무것도 하고 싶지 않은' 무기력증

아이들 학습에서 자기가 계획해 공부하는 것은 없고 누군가가 짜준 계획, 가라고 해서 가는 학원에 의존하게 되면 반드시 따라오는 문제점이 있다. 무기력해진다는 것이다. 스스로 계획하고 성취해나가는 기쁨을 알지 못하고 하고 싶은 것이 없는 상태가 되는 것. 학생들을 가르칠 때 가장 힘든 경우는, 학습능력이 떨어진다거나 수업 시간에 떠들고 산만한 때보다 정말 아무것도 하지 않으려는 때다.

중학교 제자 중에 별명이 그리스 조각상일 정도로 수려한 외모를 자랑하던 A가 있었다. 하지만 친구들이 다 동경해 마지않는 외모를 지녔음에도 기피대상이 되었는데, 이유는 A가 너무도 무기력한 학생이었기 때문이다. 일단 모든 수업 시간에 멍하니 있거나 엎드려 자기 일쑤이고, 깨우면 반항은 하지 않고 일어나지만 수업을 진행하다 보면 얼마 지나지 않아 다시 엎드려 있었다. 조별 활동을 하면 아무것도 하지 않으려는 A 때문에 다른 조원들은 속앓이를 했고 A를 다그쳤지만 반응 없는 모습에 그냥 포기하곤 했다. 짜증으로 가득 차 있는 아이, 항상 어둡고 지겨운 표정을 하고 있는 중학생, '도대체 이유가 뭘까?' 알고 싶었다.

그런데 A 어머니가 근처 학교 학생부 교사라는 걸 알고 많이 놀랐다. 아이가 무척 힘들어하고 있었기 때문에 어렵게 마주하게 된 어머니는 아이가 어렸을 때부터 집안 분위기가 지나치게 엄격했으며, 공부도 일찍부터 몰아붙여 아이를 지치게 했다는 것을 인정했다.

"○○이가 어렸을 때부터 참 순했어요. 그렇게 순했음에도 불구하고 좀 엄하게 키웠죠. 애 아빠도 저도 예절, 순종만을 강조하고 애가 어리광 피울 틈을 주지 않았던 거 같아요. 또 ○○가 첫째 아이이다 보니, 동생한테 모범이 되는 아이로 키워야겠다는 생각에 많이 다그쳤던 거 같아요. 공부 면에서도 욕심이 났어요. 조금만 더 가열차게 하면 우등생이 될 수 있을 거 같은데 욕심 없어 보이는 순둥이 아이에게 화도 났고요. 애 아빠는 아이가 중학생이 되고 기대한 만큼 공부 잘하고 씩씩한 남학생 모습을 보이지 않자 못마땅해하고, 머리가 큰 아이와 부딪치는 날이면 집에 난리가 났죠. 다 저희 잘못이라는 생각이 들어요."

이렇게 하기 힘든 이야기를 해준 어머니의 용기가 감사했다.

책 후반부에서 또 한 번 다루겠지만, 아이가 말대답을 하고 반항도 하고 기가 센 경우는 오히려 낫다. 오히려 위험한 건 순한 아이들이다. 순한 아이들은 본인 욕구보다는 부모 욕구를 충족시키려고 노력하기에 부모는 아이가 힘들다는 걸 눈치 채지 못하고 계속 밀어붙이는 경우가 생기기 때문이다.

'아이들링'
– 자기 탐색의 시간이 꼭 필요한 이유

물론 당사자가 가장 힘들겠지만 A처럼 아무 의욕 없는 아이들을 지켜보는 건 교사로서도 힘이 빠지고 무척 괴로운 일이다. 보고 있으면 너무 안쓰럽고 바람 빠진 풍선 같다는 생각이 든다. 필요 용량보다 너무 과도하게 불어서 새는 곳이 생겨버린 풍선 말이다.

물론 초등학교 때 공부하지 말고 펑펑 놀기만 해야 한다는 이야기가 아니다. 기본적인 독서 습관 등을 들이기 위해 책도 읽고 짧은 일기나 글을 쓰는 시간을 규칙적으로 갖는 것은 필요하다. 하지만 대기업 영업사원만큼 꽉 찬 하루 스케줄을 갖는 아이들도 흔하게 볼 수 있기에 하는 말이다.

몇 해 전 지인 가족을 만나기 위해 아이와 함께 영국을 방문한 적이 있었는데, 이때 예기치 못한 이벤트로 아이와 단둘이 런던에 몇 주 있어야 하는 일이 생겼다. 급하게 구한 숙소는 런던의 홍대 앞이라 불리는 쇼디치 지역으로, 이곳은 주변에 수많은 예술공방과 아트 스튜디오 등이 자리하고 수시로 벼룩시장과 마켓이 열리는 곳이었다. 꼬여버린 스케줄로 딱히 할 일이 없었던 나는 숙소 주변 아트 스튜디오들을 참새 방앗간 드나들듯 수시로 구경했는데, 그 중에서도 '짐밥 아트(JimBob ART)'라는 매우 아기자기하고 예쁜 스튜디오에 마음을 빼앗기고 말았다. 짐밥 아트 스튜디오는 독특하고 재미있고 예쁜 동물 일러스트로 도자기그릇, 생활소품 등을 수제로 제작하는 예술공방으로, 한국의 H 백화점에서 제품들을 본 적이 있어 그 명성을 익히 알고 있었다.

공방 주인인 제임스는 젊은 청년으로 공방 한켠에는 그가 일러스트 작업을 하는 작업공간도 따로 있었다. 신발가게 주인 눈에는 사람들 신발만 보인다고 했던가? 당시 교육잡지와 여성잡지에 자녀교육 칼럼을 기고하고 있던 나는 젊은 나이에 자기 개성을 살리면서 명성까지 얻은 제임스가 어떤 어린 시절을 보냈는지 정말 궁금했다. 작업을 하면서도 공방에 들르는 구경꾼들에게 항상 친절했던 사람 좋아 보이는 제임스에게 용기를 내어 인터뷰를 요청해 성사가 되었다.

그에게 꼬리에 꼬리를 무는 학원 스케줄로 정신없는 한국 아이들 이야기를 해주었더니 믿기 어렵다는 반응을 보이며 자신의 이야기를 해주었다.

"어렸을 때는 주로 자연에서 시간을 보냈던 것 같아요. 집 주변이 전원적인 환경이어서 여기저기 쏘다니면서 늘 자연을 한참 관찰했어요. 특히 동물들이요. 워낙 동물을 좋아하기도 해서 동물을 찾아다니고 하염없이 관찰하곤 했지요."

"어렸을 때부터 창의적이었나요?"

"저는 모든 어린이들이 다 창의적이라고 생각합니다. 저 같은 경우에는 오랜 시간 관찰하고 그걸 기억하고 싶어서 그림을 그리기 시작했는데 그냥 이렇게도 그려보고 저렇게도 그려보면서 셀프 트레이닝 시간을 가졌다고 할까요? 부모님께서도 그리기 재료 같은 걸 떨어지지 않게 구비해두면서 마음껏 그릴 수 있게 도와주

어린 시절 마음껏 자연을 탐색했던 원동력으로 개성 있는 동물 일러스트 제품을 제작하는 제임스의 'JimBob art studio'

셨고요. 어렸을 때 그런 탐색의 시간을 보냈기에 자라서는 더 열정적으로 하고 싶은 일에 몰두할 수 있었던 것 같습니다. 대학도 런던에 있는 일러스트를 배우는 곳으로 진학할 수 있었고요."

고무줄도 항상 팽팽하게 있으면 결국 끊어지듯이 어린 시절부터 학창시절 내내 쉬지 않고 달리다 보면 결국 무리가 온다. 초등학교 때 이것저것 배워본다고 할 때에도 거기에는 아이의 선택, 자기주도성이 있어야 한다.

초등학교 때 탐색의 시간을 가지고 내가 어떤 사람인지, 무엇을 좋아하는 아이인지에 대해 조금이라도 성찰 과정을 밟아본 아이들은 중고등학교 시절에 열정을 가지고 속도를 내기가 쉽다. 하지만 어린 시절 매번 부모님이 짜주는 시간표에 따라 누군가가 공부하라고 시킨 것만 공부한 아이들은 열정을 지속하기가 힘들다. 본인 의지가 아니기 때문에 힘을 받을 수 없는 것이다.

이것을 교육학적 용어로 아이들링(idling - 빈둥거림)이라고 일컫는다. 미국 워싱턴대학 신경의학과 교수인 마커스 레이클은 사람들이 아무것도 하지 않고 빈둥거릴 때, 딱 그때만 활성화되는 뇌의 한 부분을 발견해 '디폴트 모드 네트워크'라고 이름을 붙였다. 즉 빈둥거릴 때 우리는 아무것도 안 하는 것 같지만 뇌의 한 부분은 활발하게 꽃을 피우고 있다는 것이다.

뇌과학자인 정재승 교수도 문화일보와의 인터뷰에서 "일주일에 하루는 아무런 약속도 잡지 않고 혼자 빈방에서 하고 싶은 것을 하는" '아이들링' 시간을 꼭 갖는다고 밝혔다. 잠시 멈추고 활을 쏘아야 더 멀리 날아가는 것처럼, 어릴 때 빈둥거리며 자기 탐색 시간을 가졌던 아이들이 사춘기 때 모든 의욕이 팽팽해질 수 있는 것이다.

과부하가 걸려 바람 빠진 풍선처럼 시들시들 무기력한 아이들이 중고등학교 교실에서 너무도 많이 보인다. 학원 거부, 방안에서 안 나오기, 심할 경우는 학교에 가는 것 자체를 거부하는 경우까지 생긴다.

앞서 언급한 학생 A는 그 후로도 한참 어두운 터널을 지났다. 병원 진료도 받고 약도 복용하면서 노력하고 있다고 전해 들었을 때 '자그마한 물꼬를 트기 시작했구나'라는 생각에 기뻤다. A가 나아질 수 있었던 첫 번째 이유는 부모님이 자신의 교육 방법과 아이를 대하는 방식에 문제가 있다는 사실, A가 너무 지쳐 있다는 것을 인정하고 시정하려고 노력했기 때문이다. 모든 치료는 이처럼 사실을 직시하는 것으로부터 시작되는 법이다.

03

집에서 스마트폰 하게 두느니
학원 보낸다?

무기력과 함께 오는 것은 게임 중독, SNS 중독이다. "스마트폰 없던 시절에 애 키우는 건 지금과는 비교도 안 되게 쉬웠을 거 같아요"라고 하소연하는 분들이 많다. '집에 있으면 어차피 게임만 하니 학원이라도 보낸다. 가서 공부 안 하는 걸 알아도 보낸다'는 분들도 많다.

2000년대 무렵 온라인 수업계를 평정하던 일타 강사 중 한 분이 중년 아버지가 돼서 방송에 출연한 적이 있다. 사회자가 단도직입적으로 "자녀분 책 많이 읽고 공부 잘하나요?"라고 질문하자 그분은 너털웃음을 지으며 겸연쩍은 듯 이렇게 답했다.

"아이가 어렸을 때부터 바쁜 와중에도 아이 앞에서는 언제나 책 읽는 모습만 보여주려 애썼고, 내가 모범을 보이면 아이도 당연히 따라올 거라 생각했다. 공부도 마찬가지로 내가 전문가이기 때문에 적절한 자극과 자료도 때맞춰 제공해주고 흥미를 불러일으키려 애썼으나, 아이가 사춘기가 되니 만만치가 않다. 유튜브와 스마트폰을 이기기가 정말 쉽지 않다. 인터넷을 켜면 찾는 정보가 다 있으니 아이가 아빠 말을 별로 들으려 하지 않는다. 아이들은 책보다는 유튜브다. 활자 언어보다는 동영상에 훨씬 익숙하기 때문이다. 스마트폰과 게임을 이기기가 쉽지 않다."

같은 교육계 종사자로서 백퍼센트 공감한다. 정말 이기기 힘든 디지털 기기와 인터넷이 아닌가 말이다. 교사들이 교무실에서 늘 하는 말이 있다.

'게임과 스마트폰에 대한 욕망을 지배하는 자가 승리하리라.'

그만큼 입시를 앞두고 중요한 마인드컨트롤이나 집중력은 스마트폰이나 게임에 대한 통제력이 어느 정도이냐에 달려 있다. 집에서 스마트폰이나 하게 두느니 차라리 학원을 보낸다고 하지만 그건 사실 장소이동의 의미만 있을 뿐이다. 어차피 부모 눈을 피해 얼마든지 스마트폰을 할 수 있기 때문이다. 근본적인 원인을 알아야 해결방법도 생각해볼 수 있다.

'사춘기 뇌'의 특징

그러면 아이들은 무엇 때문에 그렇게 게임에 빠지는 것일까? 게임의 어떤 면이 아이들을 그렇게 정신 못 차리게 붙들어두는 것일까? 바로 게임이 아이에게 다른 곳에서 느낄 수 없었던 성취감을 느끼게 해주기 때문이다. 현실에서는 꽉 짜인 시간표에 묶이고 성적이며 학교생활이며 마음대로 되는 게 하나도 없는데 게임 세계에서는 그룹을 이끄는 대장이 되어 승리를 이끌 수도 있고, 레벨 업을 할 때마다 짜릿함과 성취감을 느끼게 된다.

또 하나의 이유로는 청소년의 뇌 구조를 들 수 있다.

전두엽은 원시적인 충동 조절, 이성적인 판단을 하는 곳으로 우리 뇌에서 가장 발달한, 뇌의 사령탑 같은 곳이다. 이 전두엽은 5세경부터 발달하기 시작해 청소년 시절에 다시 태어난다고 할

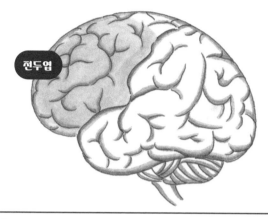

원시적인 충동 조절, 이성적인 판단을 하는 전두엽

정도로 폭발적인 변화 과정을 거친다. 12~17세까지가 전두엽이 가장 왕성하게 발달하는 시기라고 할 수 있으며, 이 전두엽이 완성되는 것은 그로부터 한참 후인 성인이 되어서다. 이러하니 뇌가 미성숙하고 변화가 많은 청소년 시기에는 게임이 주는 짜릿함으로 쉽게 흥분하게 되고, 그 짜릿함의 강도 또한 성인이 느끼는 그것과 다를 수밖에 없다.

또한 사춘기 아이들이 이해할 수 없는 우발적인 행동을 하고 과격한 언어를 사용하는 것, 앞뒤 맥락 없이 '죽고 싶다' '사라지고 싶다' 등 감정을 격하게 표현하는 것 전부 아직은 여리고 미완성인 전두엽과 관련 있는 것이다.

전문가들은 아이들이 게임을 할 때 '쉰다'라고 표현하지만 사실 게임하는 동안 우리 뇌는 전혀 쉬지 못하고 강한 자극을 받는다고 한다. 그렇다면 폭발적인 변화 과정 중에 있으면서 미성숙하고 여린 아이들 뇌가 게임으로 지속적인 피로감에 젖으면 기능이 손상되고, 이는 우울감 혹은 '게임 말고는 다 귀찮다'는 무기력증으로 나타날 수 있다.

간혹 학부모님 중에서는 "선생님, 아이가 그렇게 게임을 미친 듯이 하다 보면 질려서 좀 덜 하지 않을까요?"라든가 "애가 게임만 해요. 나중에 뭐 프로게이머가 될 수도 있지 않을까요?"라고 묻는 경우가 있다.

그런데 일단 게임이라는 것이 그렇게 만만한 것이 아니다. 여러 해 동안 게임에 미쳐 있다 싶은 학생들을 많이 봐왔지만, 게임에 질리게 되면 또 다른 게임, 더 자극적인 게임을 찾아 나서지 게임을 관둬야겠다고 결심하는 경우는 본 적이 거의 없다. 성인과 달리 아직 미성숙한 뇌의 전두엽이 쉽게 흥분하면 집중하는 효율이 떨어지고, 충동을 억제하는 데 어려움을 겪게 된다. 그래서 게임을 많이 했다고 해서 이제 충분하다는 감정을 느끼기는 쉽지 않다.

아이들을 가르치다 보면 게임에 지나치게 빠져 있는 아이는 정말 티가 난다. 안정되지 못하고 지나치게 흥분하거나 진득이 앉아서 하는 활동을 힘들어하는 등, 지나치게 흥분한 뇌 탓에 아이 자체도 무척 힘들어한다.

다음은 한국정보화진흥원에서 청소년들에게 제공하는 인터넷, 온라인 중독 자가진단 표이다. 아이 혹은 부모 자신을 대입해 생각해볼 수 있다.

인터넷(게임) 중독 진단척도(청소년 자가진단용)

번호	항목	전혀 그렇지 않다 (1점)	때때로 그렇다 (2점)	자주 그렇다 (3점)	항상 그렇다 (4점)
1	인터넷 사용으로 건강이 이전보다 나빠진 것 같다.				
2	인터넷을 너무 사용해서 머리가 아프다.				
3	인터넷을 하다가 계획한 일들을 제대로 못한 적이 있다.				
4	인터넷을 하느라 피곤해서 수업시간에 잠을 자기도 한다.				
5	인터넷을 너무 사용해서 시력 등에 문제가 생겼다.				
6	다른 할 일이 많을 때에도 인터넷을 사용하게 된다.				
7	인터넷을 하는 동안 나는 더욱 자신감이 생긴다.				
8	인터넷을 하지 못하면 생활이 지루하고 재미가 없다.				
9	인터넷을 하지 못하면 안절부절못하고 초조해진다.				
10	인터넷을 하고 있지 않을 때에도 인터넷에 대한 생각이 자꾸 떠오른다.				
11	인터넷을 할 때 누군가 방해를 하면 짜증스럽고 화가 난다.				
12	인터넷에서 알게 된 사람들이 현실에서 아는 사람들보다 나에게 더 잘해준다.				

13	오프라인에서보다 온라인에서 나를 인정해주는 사람이 더 많다.				
14	실제에서보다 인터넷에서 만난 사람들을 더 잘 이해하게 된다.				
15	인터넷 사용시간을 속이려고 한 적이 있다.				
16	인터넷 때문에 돈을 더 많이 쓰게 된다.				
17	인터넷을 하다가 그만두면 또 하고 싶다.				
18	인터넷 사용 시간을 줄이려고 해보았지만 실패한다.				
19	인터넷 사용을 줄여야 한다는 생각이 끊임없이 들곤 한다.				
20	주위 사람들이 내가 인터넷을 너무 한다고 지적한다.				

점 수 및 치 료 방 향

일반 사용자군	• 47점 이하 • 일반 사용자군으로 인터넷을 건전하게 활용하기 위해 지속적인 자기 점검이 필요하다.

잠재적 위험 사용자군	• 48점~52점 • 잠재적 위험 사용자군으로 인터넷 과다사용의 위험을 깨닫고 스스로 조절하고 계획적으로 사용하도록 노력해야 한다. • 전문적 상담 요함

고위험 사용자군	• 53점 이상 • 고위험 사용자군 • 고위험 사용자군으로 인터넷중독 성향이 매우 높으므로 관련 기관의 전문적인 상담과 도움이 요청된다.

출처: 한국정보화진흥원

우리 아이 스마트폰,
게임 지도 이렇게 하자

사실 모든 학생들이 스마트폰에 집착하는 건 아니다. 중학생인데도 스스로 스마트폰을 사용하지 않기로 선택하고 2G폰을 쓰는 아이들도 있고, 문자만 사용하고 카카오톡은 하루에 한 번 컴퓨터로 확인하는 아이들도 있다. 스마트폰이 있더라도 적절하게 조절하면서 크게 문제되지 않게 사용하는 아이들도 있다.

스마트폰, 게임 등에 자기 조절력이 뛰어난 학생들의 특징, 부모의 양육 방법을 따라 해보자. 미셸 오바마, 빌 게이츠, 스티브 잡스 등이 자신의 자녀교육 철학 인터뷰에서 밝힌 공통적인 원칙이 있다. "스마트폰은 고등학교 입학 전까지는 허용하지 않으며, 고등 이후에도 주말에만 허용한다"는 것이다. 빌 게이츠, 스티브 잡스 두 사람이 스마트폰과 윈도 세계의 창시자로 IT 업계의 구루

(guru)로 추앙받는 인물이라는 것을 생각해보았을 때 이것은 그야말로 아이러니한 일이다.

요즘은 자녀교육에 열정적인 지역이냐 아니냐를 동네 아이들 스마트폰 소지 나이를 보고 파악한다고 한다. 필자의 경우, 자녀가 중학생이 되고 코로나19 상황으로 온라인 수업을 하게 되면서 휴대폰을 구입해주었다. 사실 너무 이른 나이에 스마트폰을 사주는 것은 백해무익하다. 아이와 디지털 기기 사용에 대한 규칙을 정하고, 아이가 그 약속을 책임질 수 있겠다는 생각이 들 때 사주는 것이 좋다. 어떤 이들이 꼰대 부모라 부르더라도 신경 쓸 필요 없다. 내 아이는 그 사람들이 대신 키워주는 게 아니기 때문이다.

1. '게임 그만하고 공부해라'는 말은 그만

우리가 아이들의 지나친 휴대폰과 게임 사용을 단속하는 이유는 그것이 아이들의 정서와 건강에 해를 끼칠 수 있기 때문이다. 그런데 게임, 스마트폰을 안 하는 것의 다른 선택지가 오로지 공부여서는 안 된다. 다음 장에서 자세히 다루겠지만, 아이들이 게임과 스마트폰에 몰두하는 이유 중에는 일종의 '도피' 심리도 있다.

아이들에게 '공부'라는 것은 에베레스트 산처럼 정복하기 어렵고 부담스러워 보이기에 도전할 엄두가 나지 않고, 대신 한 단계 한 단계 그 자리에서 성공의 짜릿함을 즉시 느낄 수 있는 게임, 내 마음대로 공간을 만들고 주인이 될 수 있는 가상공간, SNS에 빠져

드는 것이다.

게임을 약속한 시간까지만 하면 나머지 시간에는 운동을 한다든지 만들기 공예, 방 꾸미기나 청소, 악기연주 등 여타 다른 취미활동을 하는 것을 인정해주어야 한다. 우리가 아이들에게 게임, 스마트폰에 대해 조언하는 것은 아이의 건강과 행복을 염려해서이지 공부를 시키기 위해서가 아니기 때문이다.

2. 가족이 함께 운동하거나 보드게임 등의 시간을 가진다

뒤에서도 한 번 더 자세하게 다루겠지만, 스마트폰, 게임 중독의 기저에는 결국 외로움이 깔려 있다. 가족이 함께하는 시간을 많이 가지고, 아이가 좋아하는 야외활동, 운동 등을 함께 즐기는 것이 중요하다. 게임 말고도 재미있는 것이 많다는 것을 알게 해줄 필요가 있다.

3. 아이가 게임하는 친구들을 부러워하고, 따라서 시작하고 싶어 한다면 처음에는 콘솔 타입의 게임기로 부모나 형제가 함께할 수 있는 게임으로 시작한다

콘솔 타입 게임기란 인터넷에 연결하지 않고 게임을 할 수 있는 가정용 게임기를 지칭하는 것으로, 온라인상의 여러 가지 위험에 아이가 노출되는 것을 방지할 수 있으므로 부모 입장에서 신경 쓸 부분이 조금 덜하다.

4. 컴퓨터로 하는 게임을 시작한다면 데스크톱으로, 아이 침실이 아닌 곳에 둔다

친구들과 컴퓨터로 게임을 하면서 즐겁게 노는 아이들이 많다. 이럴 때 컴퓨터는 아이의 침실 공부방이 아닌 곳에 둔다. 거실 같은 공용공간이나, 아니면 다른 여분의 방이 있다면 그곳에 둘 수 있다. 아이가 공부하거나 자는 곳에 게임을 할 수 있는 컴퓨터를 두면, 자제력을 갖기가 몇 배로 힘들다. 또한 공용공간에 두는 것은 유해한 인터넷 콘텐츠로부터 아이를 보호하는 데에도 도움이 된다. 이때 채팅창이 열리는 게임은 피하거나, 하더라도 닫아놓고 하는 것이 좋다. 비속어에 노출되거나 신원을 알 수 없는 사람과 아이가 대화하게 되는 것을 막을 수 있기 때문이다.

외로운 요즘 아이들
– 아이에겐 지시가 아닌 대화가 필요하다

스마트폰이나 게임중독 기저에는 외로움이 깔려 있다고 말하면 많은 부모님들은 "애한테 얼마나 신경을 쓰는데 외로운가요? 우리 어렸을 때에 비해 보물처럼 떠받들어 키우는데요"라고 말씀하신다. 하지만 잘 생각해보면 예전 아이들이 자라던 시절에 오히려 부모와 자녀가 감정을 공유하는 대화를 할 기회가 훨씬 많았다는 것을 알게 된다. 자연의 변화나, 하루 동안 일어난 일 등에 대해서 말이다. 물론 독자들이 어떤 세대냐에 따라 다르겠지만, 40대인 필자가 아파트 생활을 하게 된 건 초등학교 무렵이었고 그전까지는 주택생활을 했었다.

또한 학원이라고는 여자아이들은 피아노, 남자아이들은 태권도를 주로 다녔고, 물론 거기에 학습 학원을 좀 추가한 친구들도

제대로 된 소통이 없을 때 아이들은 외롭다고 느낀다.

있었지만 어쨌든 요즘 아이들만큼 정신없이 바쁘지 않았던 건 분명하다. 그래서인지 아무것도 안하고 멍 때리고 있었던 시간도 많았다.

　마당에는 소박하지만 자그마한 꽃나무들이 좀 있었고 집 밖에도 흙길과 푸른 자연환경이 있었다. "○○아, 저기 목련꽃 좀 봐라", "○○아, 개나리 폈다. 이제 봄이다"와 같은 계절 변화에 대한 대화도 많이 했었다. 가까운 곳에 할머니 할아버지가 살거나, 아니면 아예 조부모와 함께 사는 아이들도 많아서 오며 가며 동네에서 일어난 일도 듣고, 학교에 다녀오면 "아이고 우리 강아지, 오늘 학교에서 재미있었나?"라고 물어보는 어른도 여럿 있었다.

또 놀이터에서 동네 아이들과 놀다가 집에 돌아와서는 '○○와 ○○가 싸웠다', '뭐하고 놀았다' 등의 자발적인 스토리텔링 시간도 있었다. 하지만 요즘 학령기 아이들과 부모님의 대화는 주로 1〉 확인, 2〉 지시가 주를 이룬다.

"○○아, ~시에 학원차 타야 한다. 잊어버리면 안 돼."

"○○아, 숙제 다 했어? 너 학원에서(혹은 학교에서) 연락 왔어. 과제 꼭 해오라고."

유치원이나 학교 방과후에도 스케줄이 빼곡한 아이들은 챙겨야 할 과제, 준비물도 많고 기억해야 할 약속도 많다. 그러다 보니 잘 챙겼나 확인하거나 '~해야 돼. 잊어버리면 안 된다'고 하는 지시가 주를 이루게 되는 것이다.

하지만 그러다 보면 부모와 자녀가 교감하며 대화를 나누는 시간이 그리 길지 않다. 어떤 날은 챙겨야 할 것을 챙기기만 하다가 지나버린 날도 있다. 요즘 아이들이 외로운 이유다.

동네 상점 등을 함께 들르며 "여기 이런 가게가 생겼네? 다음에 같이 가보자", "○○이 전에 ~갔을 때 저거랑 비슷한 빵 먹었었지? 그때 되게 재미있었는데. 그치?" 등 주변 환경, 계절 변화에 대해 감정을 나누는 대화를 해보자. 아니 꼭 무슨 말을 해야 하는 것도 아니다. 아이 눈을 쳐다보고 웃는다든지 옆에 앉아 어깨를 감싼다든지 하면서 오늘 아이 컨디션이 어떤지 살펴보고 아이의 하루를 추측해보는 것도 대화의 한 방식이 될 수 있다. "~다 했어? ~해야

해. 잊지 마!" 등의 지시에서 벗어나는 시간을 가져야 하는 것이다.

이제는 변성기도 다 지나고 나보다 머리 하나는 더 있는 아이지만 나 역시 아직도 가끔 같이 산책을 나간다. 근처 철길 공원을 걸으면서 "얘, 너 이 노래 알지? 기찻길 옆 오막살이 아기 아기 잘도 잔다. 칙 폭 칙칙폭폭 칙칙폭폭 칙칙폭폭. 너네는 이런 노래가 있을까? 동요라는 게 없는 세대잖아?" 하면서 때 아닌 라떼 타령을 하는 엄마지만 아들은 곰곰이 생각하더니, "핑크퐁 있잖아요. 아기상어 뚜르르뚜르." 한다.

"아 그렇네. 동요도 글로벌하구나 너네는."

한바탕 웃음이 터진다. 아기 상어로 통하는 순간이다.

가정에서의 디지털 기기 사용지도
- 청소년기 자녀

1. 게임에 대한 부정적 이야기, 헐뜯기를 삼간다

부모는 아이가 어떤 게임을 하는지, 무슨 내용인지 물론 알아야 한다. 아이가 하는 게임이 그 나이대에 적절한 것이라면 관심을 나타내고 대화 소재로 삼을 수도 있다. 제자 중에는 청소년 게임 페스티벌 등에 출전하겠다고 했을 때, 못마땅하지만 내색하지 않고 가서 관람해주는 부모님들도 계셨다.

사춘기 아이에게 조언과 충고를 할 때 기억해야 하는 것은 첫째도 둘째도 존중이다. 아이는 이미 게임에 취미가 있는데, 부모가 그것을 전혀 인정하려 하지 않고 게임을 쓰레기라고 뭉뚱그려 무시하려고만 하면, 사이만 나빠지고 아이는 부모 눈을 피하는 방법만 연구하려 든다.

자연스럽게 대화를 하되 아이가 흥분하여 부모와 지나치게 게임 이야기만 하려 한다면, **"○○이도 엄마가 해외패션이라든가 연예인 이야기만 계속 한다면 ○○이가 잘 모르는 분야니까 계속 듣는 건 좀 힘들지? 엄마도 그렇네"**라고 I-message를 사용하여 조절해주도록 청할 수 있다.

※ I-Message란?

'나 전달법'으로, 다른 사람을 비난하기 쉬운 You-Message(너는 ~맨날)가 아니라 "너의 행동으로 내가 느끼는 감정을 표현해볼게. 좀 들어봐주겠니?"라고 청하는 것이다.

2. "네가 할 일을 하고 나서는 하고 싶은 만큼 할 수 있는 거야"라는 긍정의 표현을 쓴다

아이들은 부모가 게임을 무조건 못하게 하는 거라 생각해 피해의식을 갖는다. 이때 "그렇지 않아, 게임을 못하게 하려는 게 아니야. 학교과제 등을 끝내면 얼마든 할 수 있는 거지"로 주의를 환기시킨다. 그렇더라도 늦은 밤에는 안 되게 시간은 정해놓아야 한다. 아이에게도 충분한 수면은 성장 호르몬, 건강과 직결되어 있다는 것을 강조해 협의를 이끌어낸다. 모바일 펜스, 엑스키퍼 같은 스마트폰 이용 행태나 시간을 제어하는 앱을 사용해 취침 시간 무렵에는 끝나도록 설정할 수 있다.

3. 가장 중요한 것은 게임에만 자꾸 몰두하려는 마음 이면을 살펴주는 것이다

앞서 살펴보았듯이 게임이 주는 짜릿함, 성취감이 주는 유혹은 참 크다. 그렇다면 이러한 성취감, 짜릿함을 게임이 아닌 다른 여러 활동에서도 얻는 것이 가능하다면 아이가 오직 게임에만 몰두하는 일은 일어나지 않게 된다. 어떻게 그런 아이로 키울 수 있을까? 우선은 아이의 마음을 살피는 것이 중요하다.

스마트폰과 게임에 몰두하는 아이 마음 기저에는 외로움이 있다. 가족과 함께 소통하는 즐거운 시간 경험이 이를 예방할 수 있다.

교실에서
관찰한
잘되는 아이들의
가장 큰 비결

달콤한 과일을 얻으려면 재촉하지 말고
알맞게 익을 때까지 기다려야 하는 것처럼
"나는 잘 해낼 수 있다. 유능하다"라는
믿음이 있는 아이로 키우려면 아이에겐
도전과 시행착오를 경험할 자유와 시간이 필요하다.

2부

3장

자기효능감과
자녀의 성취감

01

'자기효능감'이란 무엇인가

앞장에서 이야기한 자녀의 성취감은 어떻게 얻고 발전시킬 수 있을까? 아이에게 성취감이 쌓이면 아이는 자기효능감을 갖게 된다. 자기효능감이란 캐나다의 심리학자 앨버트 반두라(Albert Bandura)가 소개한 개념으로, 어떤 문제에 부딪혔을 때 '**나는 능력이 있고, 내 능력으로 해볼 수 있어. 나는 유능하다**'라고 믿는 힘을 말한다.

중학교든 고등학교든 상급학교로 진학한 아이들은 설레기도 하지만 불안하다. 갑자기 어려워진 공부내용과 들이닥치는 테스트들 때문에 낙담할 수 있다. 사교육으로 이미 상급 과정을 마스터하고 들어왔다는 학급 친구들 소문에 기가 죽기도 하고, 실력이 월등하게 좋은 친구는 올려다보지 못할 나무처럼 보이기도 한다.

그래서인지 고등학생 중에는 1학년이 채 끝나기도 전에 내신성적을 포기하고 수능점수, 정시로 대학을 가겠다고 선언하는 아이들이 있다. 하지만 정시전형은 재수생을 비롯한 n수생들이랑 경쟁해야 하는 것이라서 재학생들에겐 수시전형보다 쉬울 것도 없다. 오히려 불리한 편이다.

초등학교에서 중학교로, 혹은 중학교에서 고등학교로 환경이 급변하고 공부 양도 갑자기 증가했을 때는 누구나 정도 차이가 있지만 헤매기 마련이다. 그런데 초반에 내신성적이 본인이 예상했던 만큼 나오지 않는다고 해서 고1도 끝나기 전에 벌써 수업시간에 태만해지고, 공부시간에 다른 과목을 공부한다든지 하는 행동을 하는 것은 스스로에 대한 믿음이 없기 때문이다. 자기효능감이 있는 아이들은 초반에 성과가 나지 않더라도 고2, 고3까지 꾸준하게 지치지 않고 자신을 발전시킨다. 그리고 다른 결과를 만들어낸다.

길고 짧은 건 대봐야 안다는 이야기가 있지 않은가. 다른 아이들이 지레 겁을 먹고 해이해지고 끊임없이 변명거리를 만들어내는 동안, 자기효능감을 지닌 아이들은 자신의 능력을 의심하지 않고 차근차근 앞으로 나아간다.

그러면 우리 아이들이 자기효능감을 배양하도록 어떻게 도와줄 수 있을까? 전문가들은 아이의 자기효능감을 발전시키기 위해서는 아래와 같은 경험들이 필요하다고 말한다.

1. 어떤 일을 끝까지 완수한 경험, 성공한 경험

2. **모델링**: 다른 사람이 해당 과제에 자신감 있게 도전하고 성공하는 모습을 보는 것

3. **긍정강화**: 부모님, 선생님 혹은 또래 집단으로부터 긍정적인 피드백을 받는 것

4. **행복한 기억**: 많이 웃고 기뻐하고 행복한 경험이 많을수록 자기효능감도 자란다.

5. **지지해주는 환경**: 아이를 지지해주고 응원해주는 환경에서 자기효능감이 자란다.

자기효능감은 부모가 '잘한다. 잘한다' 말로만 한다고 해서 아이가 느낄 수 있는 것이 아니다. 이것은 아이 스스로 경험을 통해 '내가 해냈다', '나는 유능하다'라고 느껴야 하는 부분이다. 어린 아이에게 억지로 공부나 학습을 시켜 '유능하다'고 느끼게 하는 것은 어려운 일이며 잘못된 접근 방법이다. 자기효능감을 갖는 것은 부모가 놀이의 연장선상에서 부여하는 작은 심부름, 임무를 완수하면서 느끼는 성취감에서 시작할 수 있다.

02

하버드 종단연구의 조언
– 자기효능감 있는 아이로 키우려면
이렇게 해라!

　　1939년부터 시작된 하버드대 그랜트 교수의 발달연구는 역사상 가장 긴 종단연구로 널리 알려져 있다. 268명의 하버드 졸업생들 삶을 80년 넘게 추적 관찰하는 것으로, 백인이면서 하버드 졸업생인 이들의 삶의 궤적을 통하여 인간의 행복한 삶에는 어떤 조건이 필요한가를 연구하는 것이다. 이 연구는 어마어마하게 긴 연구기간도 놀랍지만 일단 주제 자체가 매우 흥미롭다.

　　40여 년간 이 연구의 책임자로 일했던 조지 베일런트 박사는 연구를 총정리하는 자신의 저서에서 밝히기를, 성인이 되어 성공적이고 행복한 삶을 누리는 이들의 공통적인 특성을 살펴본 결과, **최대한 일찍부터 집안일을 가르치는 것이 매우 중요하며 이는 가장 훌륭한 자기 연단 수단의 하나라고 정리했다.**

"자기효능감이라는 진지한 주제를 이야기하는데 웬 집안일 타령인가?"라고 할지 모른다. 한국 부모들은 특히 소중한 내 아이에게 집안일 같은 허드렛일을 시키는 건 말도 안 된다고 생각하는 경향이 있기 때문이다. 흔히 한국의 부모는 "넌 공부만 해, 나머지는 엄마, 아빠가 다 해줄게"라고 하지 않는가.

필자는 대학 시절 1년 동안 캐나다의 대학에서 공부한 경험이 있다. 기숙사에 들어가기 전 처음 몇 주는 캐나다 가족의 집에서 함께 지내는 홈스테이라는 것을 했는데, 조금 친해지자 두 아이의 엄마인 캐나다인 호스트가 나에게 조심스럽게 물었다.

"동양 아이들, 한국 아이들은 집에서 정말 아무것도 안 시키고 키우니? 아이들이 굉장히 기초적인 생활지능도 베이비 같더구나. 여기 애들에 비해 한참 어리다는 생각이 많이 들었어."

얼굴이 화끈 달아올랐지만, 사실 틀린 말도 아니어서 반박을 할 수가 없었다. 10대 때부터 파트타임 일을 하며 경제적으로 자립을 시작하는 건 물론이고, 잔디 깎기, 자동차 수리, 집 고치기 등 큰 규모의 일까지도 손에 익은 캐나다 학생들과 비교했을 때, '한국 아이들은 할 줄 아는 게 뭐냐?'라는 말이 나올 만도 했다.

대학생들 중에는 학교 갈 때 간단한 샌드위치 런치 박스를 준비하는 경우도 많았는데, 이것조차 힘들어하는 한국 학생도 많았다고 했다. 이러한 습성은 학습으로도 이어져 한국 학생들은 페이퍼 시험에는 강할지 모르나 프로젝트, 토론형 대학 수업에서는 리더가 되기 힘들고 소극적이라는 평가를 받기 일쑤였다.

어릴 때부터 집안의 소소한 일들을 도우면서 가족 안에서 본인이 할 역할이 있다는 것, 자기 몫을 한다는 것은 아이에게 큰 자부심을 느끼게 하고 지능 발달에도 영향을 준다. 뒤에서 자세하게 다루겠지만, 필자 또한 아이를 양육하는 일에서 집안일 훈련으로

가정에서 아이의 자기효능감을 기를 수 있는 연령별 활동

연령		활동내용	유의사항 및 활동 팁	
만 1~3세		- 자기 물건 제자리에 가져다놓기	- **놀이의 연장선상**에서 시작한다. - 어떻게 하는지 먼저 보여주는 **시각적인 도움**이 있으면 좋다. - **칭찬 스티커** 등의 보상이 도움이 된다.	
만 3~6세		- 식탁 닦기 - 이불 개기 - 자신의 반려식물 돌보기	- **작은 역할부터 시작**해서 성취감을 맛볼 수 있게 한다.	
학령기 어린이	저학년	- 세탁물 분류하여 넣기 - 빨래 개기 - 불필요한 전등 끄기 등	매번 칭찬 스티커 등을 주는 것보다는 **용돈**을 책정해 주는 것도 좋다. 노동의 가치로 받은 용돈을 나누어 쓰는 것에서 **경제교육**도 할 수 있다.	식재료 등 장을 보러 갈 때 자녀에게 '좋은 재료 고르는 법, 가격 비교하는 법' 등을 가르치고 "장 보는데 도와달라"고 요청하는 것도 좋은 생활교육이 된다.
	고학년	- 욕실 청소 - 먼지 제거 등 자기방 및 집안 환경 미화		
청소년기		- 요리 재료 손질 - 분리수거	가족 구성원으로서 자기 몫을 하고 소속감을 느낄 수 있도록 한다.	

큰 효과를 보았다. 훈련은 연령별로 달라지는데, 그렇다면 어떻게 아이 나이에 맞게 가정에서 소소한 임무를 줄 수 있을까?

아이가 임무를 잘 완수하려고 노력한다면 **노력에 대한 칭찬**을 해주고 **아이의 강점**을 언급해준다. "○○이가 아침에 침대 베개랑 이불정리를 잘했네. ○○이는 엄마가 이야기한 거를 잘 기억하려는 게 참 좋은 점이야. ○○이 덕분에 엄마가(아빠가) ○○이 방 보면 예뻐서 기분이 좋다"라는 식으로 말이다.

이런 습득 과정은 생활 속 루틴으로 만들어야 하는데, 이는 아이에게 시간적 여유가 있어야 가능한 일이다. 일 분 일 초에 허덕이는 아이에게는 불가능한 일이다. 당장 유치원이 끝나고, 학교가 끝나고 셔틀버스에 올라타 다음 스케줄을 소화해야 한다면 말이다.

아이는 집안 구성원의 한 명으로서 가족들과 소소한 일거리를 찬찬히 해볼 시간을 반드시 확보해야 한다. 시간이 부족한 상태에서는 집안일 임무가 더 이상 재미있지 않고, 명령이 됨으로써 효과가 없기 때문이다. 하지만 생활습관이 정립되면 공부습관, 학습습관은 저절로 따라온다. 부모 입장에서도 꿩 먹고 알 먹는 경우다.

학교평가에서는 수행평가가 차지하는 비중이 높다. 고등학교 경우에는 과목마다 40%에 이른다. 평가를 잘 해내는 아이들 중 필기가 엉망이거나, 학습지 정리가 엉망이거나, 주변정리가 안 되는 아이들은 별로 없다. 집에서 환경정리를 하고 일하는 습관을 들인 아이들은 학습습관도 정돈되어 있고, 챙겨야 할 부분을 잘

챙길 수 있다.

아이들은 집안에서 쉬운 일부터 시작해 조금 더 어려운 일들을 해나가는 과정에서 성취감을 느끼고, 가족과 하나의 팀으로서 그 안에서 소속감을 느끼게 된다. 가정에서의 소속감은 아이의 사회성을 발달시키며, 더 나아가 사회 일원으로서 자기 몫을 하는 성인으로 자라게 한다. 우리가 말하는 책임감과 독립심을 지닌 행복한 어른으로 홀로서기를 할 수 있게 되는 것이다.

03

아이의 학습에도
자기효능감을 적용할 수 있다

아이가 무력감을 느끼지 않도록 하기 위해서는 목표를 작게 쪼개어 달성 가능한 목표를(스몰 스텝) 정한다. 학습을 가장 방해하는 것은 무력감이다. 이를 위해서는 아이 수준에 맞춰 성공 가능한 과제나 학습량을 정해야 한다. 아이 수준을 알려면 평소 아이의 집중력과, 집중할 수 있는 시간이 어느 정도인지를 파악하고 있어야 한다. 일단 작은 성취를 경험하게 해서 자기효능감을 쌓게 하고, 그다음 단계로 도전하는 게 좋다.

━━ "다음번에는 단어시험 100점 맞자"가 아니라 "○○이 다음번 목표 한번 정해볼까? 이번에는 12개 맞았으니, 다음번에는 15개 맞을 수 있을 거 같다고? 그래, 그럼 다음번 목표는 15개다"라고

하며 체크리스트로 적어본다.

━━ "문해력 학습지를 매일 한 장씩만 풀어보자. 딱 한 달만 그렇게 해보면 어때? 한 장이니까 부담 없이 할 수 있지 않을까?"

━━ "○○이 컴퓨터(스마트폰) 사용시간을 조금 줄이면 어떻겠니? ○○이 시력에도 많이 안 좋고, 거북목 자세가 될 수도 있어서 좀 줄였으면 좋겠는데 몇 분 줄일 수 있을 거 같아? 5분? 그래 내일부터 그럼 5분 줄여서 해보는 거야."

자기효능감
문제에 부딪혔을 때 내 힘으로 해결할 수 있다는 자신의 능력에 대한 믿음

강화 과정
목표를 실천 가능한 범위에서 잘게 나누어 세운다.

아이가 목표했던 일을 해내면 노력에 대해 칭찬한다.

"○○이가 세웠던 목표를 네 힘으로 해냈구나"라고 목표한 바를 성취했다는 점을 상기시키고 강화해준다.

에게, 고작 5분? 할지도 모른다. 하지만 기한이 내일이라는 걸 감안할 때 5분도 훌륭하다. 아이가 이를 지켰을 때 "네가 해냈다"

는 걸 강조하고 꾸준히 지키게 한 후 그다음 목표를 설정하면 된다.

하루에 몇 가지 과목을 다 해낸다는 다른 아이들과 비교하지 말자. 아이가 성취한 것을 상기시켜주는 대화는 얼마든지 가능하다.

"지난번에 이런 비슷한 유형의 문제를 틀렸었는데 이번에는 잘 풀었구나."

"점점 집중하는 시간이 길어지니까 좋다."

"○○이가 점점 글씨가 정돈되니까 보기가 참 좋다."

"야, 이런 부분은 헷갈리기 쉬운 거였는데 잘했네."

이와 같은 방법을 필자의 아이에게도 적용해보았다. 방학 때 학원을 다니지 않고 자기주도 학습으로 혼자 해보고 싶다던 아들은 큰소리 칠 때와는 달리 하루가 다르게 카톡과 게임에 바치는 시간이 늘어만 갔다. 초등학교도 아니고 고등학교 입학을 앞둔 겨울방학이었는데도 그러했다.

보다 못해 하루 총 사용 시간에 대해 줄일 수 있는 시간을 의논하고, 지켰을 경우 "네가 해냈다"라고 긍정적인 피드백을 주고 칭찬해주었다. 줄인다고 말한 시간이 성에 차지 않았지만 꾹 참고 약속을 지킨 부분에 초점을 맞추었다. 그러자 약속을 지켜나가던 아이는 나중엔 휴대폰 전원을 끄고 부모가 쓰는 안방에 거치해두었다. 고등학생이 되는 만큼 되도록 하루에 한두 번, 메시지 확인을 위해서만 전원을 켜고 최대한 줄여보겠다고 스스로 규칙을 정했다.

교사 엄마의
자기효능감 키워주기 프로젝트

아들 이야기를 했지만 모든 맞벌이 부부와 직장맘들의 육아가 그렇듯 나 역시 쉬운 것이 단 하나가 없었다. 단순히 먹이고, 입히고, 재우고 하는 것만으로도 힘든데, 또 아이를 잘 키워야 한다고 하니, 어떻게 잘 키우라는 것인가. 막막하기만 했다.

"○○엄마는 영어 교사니까 아이 영어는 뭐 맡아놓은 거네, 오죽 알아서 잘 시키겠어?"라는 주변 이야기가 더 부담스러웠다. 사실 전공 분야이기 때문에 스케줄을 타이트하게 짜서 관리하고 아이를 그쪽으로 밀어붙일 수도 있었지만, 교육 전문가 눈으로 관찰했을 때 아들은 언어보다는 다른 분야에 흥미를 보였다. 그리고 언어발달이며 기저귀 떼기 등은 다른 아이들과 비교해보아도 좀 늦된 편이었다. 숫자와 노는 걸 좋아하지만 본인이 한번 꽂힌 것만

쫓는 약간 외골수적인 면을 보이기도 했다. 하지만 단순히 다른 아이들보다 영어단어를 많이 알고, 숫자 셈을 빨리 하는 게 중요한 게 아니라는 생각이 들었다.

집안일을 돕는 아이

캐나다 유학 시절부터 생각했던, 독립적이고 자기 주도적인 삶을 살아가는 아이로 키우겠다는 다짐을 실현하기 위해 유아기 시절부터 집안일 돕기 훈련을 꾸준히 시켰다.

아이에게 자기 빨래 개기, 이불 개기, 감자채 엄마가 썰어주면 요리해보기, 딸기 씻어 꼭지 따고 손님 대접하기 등 매우 구체적이면서도 소소한 임무를 주고 하는 방법을 가르쳤으며, 열심히 해낸 아이에게는 항상 고마움을 표현하고 격려해주었다. 아이가 조금 큰 후에는 집안일 돕기에 대해 용돈을 주급으로 지급하며 경제교육도 했다. 이렇게 아이를 키우는 동안 주변에서 안 좋은 소리도 많이 들어야 했다.

"남자아이 기 죽인다. 왜 애한테 그런 걸 시키냐", "왕자님처럼 키워야지. 왜 애를 그렇게 키워?" 같은 주변인들 말에 속상할 때도 있었다. 하지만 이러한 집안일 훈련은 아이의 자기효능감과 자기 주도 능력을 키우는 데 무척 도움이 되었다.

내가 생각하는 이상적인 남자아이 상, 즉 카리스마와 리더십 넘치는 모습과는 거리가 멀었던 아이에게 처음에는 실망도 하고 당황했지만, 소소한 임무를 하나하나 완수할 때마다 아이에겐 자신감이 붙었다. 스스로 자기가 자는 공간과 하루 일과를 컨트롤하고, 자기만의 반려식물을 키워보고, 알람에 맞춰 아침에 일어나는 경험이 쌓이자 뿌듯해하고, '음, 나는 어느 정도 유능한 아이야'라고 느끼는 듯했다. 아이가 자기효능감을 느끼고 성장하는 모습이 확연히 보이자 내 생각이 틀리지 않았음에 기뻤다.

초등 고학년, 중학생이 되자 아이는 등교 시 전속력으로 달려 교문을 아슬아슬하게 통과할지언정, 집을 나서기 전 침대 정리를 하고 옷을 가지런히 개켜놓고 갔다. 엄마가 방청소를 안 해줘도 본인이 손걸레질로 반짝반짝 정리했다.

이런 정리습관이 형성되자 학습습관은 저절로 따라왔다. 학교 수업 공책 필기, 유인물 정리, 생활계획표 짜기 습관은 좋은 학업 성취도를 이루게 해주었다. 유아기 시절부터 스스로 하나씩 임무를 완성해보고 자신의 공간과 시간을 스스로 컨트롤했던 경험 덕분에 공부에서도 엄마가 시키니까 하는 게 아니라 주인의식이 있었다. 그날그날 해야 할 학습량을 정하고, 하나씩 하나씩 완수해 가면서, 그 과정에서 학습이 잘 풀리지 않더라도 그동안 쌓아온 자기효능감이 있어 좌절하지 않았다. 스스로에 대한 믿음, 나는 유능하다는 믿음이 버팀목이 된 것이다.

언젠가는 같이 식사를 하면서 아이가 말했다.

"엄마, 기술가정 시간에 실습하면서 보자기 묶는 거랑 리본 묶는 걸 해야 했는데 할 줄 아는 애가 없어. 중학생이 된 지 한참 됐는데 묶는 거 하나를 잘 못해. 그래서 내가 도와주고 다녔어."

말을 하며 아이는 뿌듯해했다.

아이의 자기효능감이 가장 빛을 발한 때는 코로나19의 암흑기 때였다. 엄마와 아빠는 출근해야 하는 직업이라 집에 없는데 아이는 2, 3주째 학교를 가지 못하고 집에서 온라인 수업을 들어야 했다. 맞벌이 부모로서 참 걱정스러웠던 기간이었다. 하지만 아무도 없는 집에서 혼자 수업을 듣고, 끼니를 해결해야 했던 그때, 아이는 생각보다 잘 해냈고 혼자 점심을 먹고 설거지까지 말끔히 해놓았다.

아이의 행동은 한순간에 이루어진 것이 아니라 어렸을 때부터 자기효능감을 키우도록 애써온 것이 결실을 맺은 것이라고 생각한다.

아들 이야기를 하는 것은 자랑을 하기 위해서가 아니다. 자기할 일과 학습을 알아서 하는 자기주도적인 아이로 키우는 일은 짧은 시간에 가능하지 않겠지만 그렇다고 너무 어려운 일도 아니라는 사실을 말하고 싶기 때문이다. 실제로 주변에 육아를 하는 지인들과 후배들이 조언을 구할 때 나는 아이가 어렸을 때부터 해온 '가정에서 실천한 자기효능감 쌓기'를 비법으로 말해준다. 그래서 이 책에서도 그 이야기를 꼭 하고 싶었다.

자기효능감 기르는 일이 많이 어려운 일은 아니라고 했지만, 그렇다고 또 그리 쉬운 일도 아니다. 어렸을 때부터 시작해야 하고, 아이에게 참을성을 가지고 다그치지 말고 함께해야 하며, 충분한 시간을 두고 꾸준히 해야 하기 때문이다.

그런데 자기효능감 키우는 일에서 또 하나의 복병은 스마트폰이었다. 앞장에서 언급한 바와 같이 대부분의 남자 중학생이 그렇듯, 나의 아이도 게임을 좋아하고 스마트폰을 사용하기 때문에 폰 게임을 한번 시작하면 푹 빠지고 만다. 이를 무조건 막는다고 능사가 아니기 때문에 게임을 허락했지만, 너무 푹 빠진 그 모습이 부모가 보기에 과히 예뻐 보이지 않아 입에서 안 좋은 소리가 터져나오려고 한다. 그나마 자기주도력과 자기조절력이 있는 아이라서 적어도 학교 과제 등은 해놓고 게임을 하려고는 한다. 그래서 정해놓은 시간 안에 휴대폰 하기를 끝내면 칭찬해주고, 일정 시간이 되면 전원을 끄고 휴대폰 거치 장소를 지정해 그곳에 보관하기로 했다(가족들 전원의 휴대폰 전원을 끄고 모아서 거치하는 장소를 하나 마련하는 게 도움이 되었다).

그럼에도 당연히 아이가 게임에 몰두하다가 약속한 시간을 넘길 때도 있다. 그래도 심하지 않으면 아이를 믿고 눈감아주고 기다려주는 편이다. 심할 때는 꾸중도 하지만 말이다. 사춘기 남자아이를 키우는 집들이 다 비슷한 모습이 아닐까 싶다. 괜찮은가 싶다가도 어느 날 보면 너무 많이 하는 거 아닌가 싶어 속에서 천불이 나는 것 말이다.

아이가 전원을 끄고 휴대폰 프리 상태에 있을 때는 부모인 우리도 사용을 자제하고 있다. 아이가 휴대폰이나 게임에 집착하는 모습이 싫으면 부모도 당연히 그런 모습을 보이지 않아야 한다. 피곤하다고 소파에 드러누워 휴대폰만 하면서 '너는 휴대폰 적당히 해라'라고 한다면 그 말은 통하지 않는다.

하루 일과를 마친 저녁 무렵이라면 부모도 되도록 아이 앞에서는 필요할 때만 휴대폰을 사용하는 게 좋다. 예전과는 다르게 사교육에 지나치게 의존하지 않고 스스로 설계해나가는 학창시절을 보내도록 하기 위해서, 게임과 스마트폰에 자기조절 능력을 지니는 것이 너무도 중요한 요즘이기에 나의 경험담을 적어보았다.

가족 전체가 휴대폰을 끄고 보관해놓는 거치 장소를 마련하는 것이 도움이 된다.

"엄마가 다 해줄게. 넌 공부나 해"의 맹점

"아무것도 하지 마. 엄마가(아빠가) 다 해줄게. 넌 공부나 해"라는 말은 금물이다. 그러면 아이가 공부가 싫어질 경우 할 게 뭐가 남겠는가? 아무것도 할 줄 모르는 몸만 큰 아이로 남게 된다.

공부라는 것이 다른 걸 다 포기하고 올인해야 하는 커다란 산처럼 느껴진다면 아이에겐 공부가 너무 거대해 보이면서 그에 압도될 수 있다. 거대하고 압도적인 느낌을 주는 공부는 부담스럽고 재미없다. 공부가 부담스러워지면 눈앞에서 바로바로 레벨이 오르는 게임이나, 내가 주인공이 되는 SNS에 나만의 세계를 구축하고 그곳으로 도피하고 싶어지는 것이다.

따라서 공부를 거대한 산이 아닌, 생활습관의 하나로 여기게끔 하는 게 제일 좋다. 공부하는 것도 결국 하루 일과 중 하나다. 공부를 부담스럽고 거대하고 대단한 무언가가 아닌 화분 물 주기나 청소처럼 생활습관의 하나로, 만만한 것, 마음만 먹으면 언제나 내가 할 수 있는 것으로 여기게끔 하는 게 중요하다.

일상생활에서 자기효능감, 성취감을 충분히 맛본 아이들에겐 '나는 뭐든지 하면 그런대로 잘 해낼 수 있다'라는 마음이 있다. 학습에 대해서도 지레 겁먹거나 부담스러워하지 않는다. 또한 사교육 없이는 못하겠다고도 하지 않는다. 20여 년 넘게 교실에서 학생들을 관찰해오면서 항상 느끼는 것은 **'생활습관과 공부습관은 별개가 아니라 함께 간다'**는 사실이다.

달성할 수 있을 만한 소소한 임무에서 성취감이 충분히 쌓인 아이들은 학습을 할 때에도 자기효능감이 갖춰져 있다. 결국 좋은 생활습관을 가진 아이들이 공부도 잘할 수 있다.

생활습관과 공부습관을 함께 잘 갖추도록 하기 위해서는 아이에게 한꺼번에 여러 부면을 강조해서는 안 된다. 여러 개의 사교육을 시키면서, 하루에만 몇 개나 되는 학원을 늦지 않게 가고, 과제도 다 해내고, 시험도 잘 보면서 동시에 자기 공간 정리정돈도 잘하고 가정에서 소소한 임무도 잘 해내고 엄마 아빠한테 말도 다정하게 하는 걸 기대한다는 건 일종의 판타지다.

'요즘 아이들은 빗자루 하나 잡을 줄 모르고, 가방 정리 하나 제대로 못한다', '부모가 말 시키면 살갑게 대하기는커녕 팩한다'고 흉을 보지만, 하루하루를 헐떡이며 보내는 너무 바쁜 아이들은 어쩌면 그런 생활습관을 쌓을 만한 시간과 기회가 부족했던 것일 수도, 상냥하기에는 정신이 너무 피곤한 것일 수도 있다.

나의 사회 초년생 시절을 돌아보아도, 교사이든 회사원이든 상관없이, 친구들끼리 서로의 자취방에 가보면 그야말로 돼지우리가 따로 없고 서로 예민해져 감정소통도 어려웠다. 바쁜 직장생활로 피폐해져 있었기 때문이다.

맛있는 과일을 수확하려면 재촉하지 말고 알맞게 익을 때까지 기다려야 하는 것처럼, 어린 시절부터 성취감을 쌓아 자기효능감을 내재한 아이로 키우려면 아이에게 도전과 시행착오를 경험해볼 자유와 시간이 충분하게 있어야 한다는 걸 잊지 말자.

쌤'톡

- 아이가 가족 안에서 본인이 할 역할이 있다는 것, 자기 몫을 한다는 것은 큰 자부심을 느끼게 하고 자기효능감을 자라게 하는 것이다.

- 좋은 생활습관을 들이면 결국 공부습관도 따라온다. 아이가 좋은 생활습관과 자기효능감을 배양하려면 아이에게 그럴 만한 시간과 여유가 필요하다.

◆ 06 ◆

창의력 있는 아이로 키우기
– 선진국 자녀양육에서 엿보다

국제학업성취도 평가(PISA) 같은 시험성적에서는 한국 학생들 점수가 높지만, 창의력지수나 독창성 등은 서양 학생들이 더 높다는 연구 결과나 기사들을 많이 보아왔을 것이다. 이런 이야기를 들으면 괜스레 부아가 난다. 한국 학생들이라고 애초에 창의력이 부족하게 태어났을 리도 없는데 왜 늘 이런 이야기를 들어야 하는지 속상하기 때문이다.

캐나다 유학생활 중 하숙하던 가정집에는 초등학생과 유치원생 아이들이 있었고 옆집에는 중학생이 있어서 서양 아이들 생활을 가까이에서 엿볼 수 있었기에, 당시 나는 이 아이들의 창의력이 자라나는 과정을 관찰했다. 그곳 아이들은 학교에서의 생활도 생활이지만 일단 집에서 부모와 함께하는 일이 굉장히 많았다. 인건

비가 비싸고 대부분 주택생활을 하는 캐나다에서는 소소한 집수리를 해야 하는 일이 많다. 울타리를 손본다거나, 나무로 집안 설치물을 제작한다거나, 잔디 가꾸기, 심지어 지붕을 손보는 일도 아버지가 직접 하는 경우가 흔했다. 이럴 때 자연스럽게 아이들은 아빠를 따라 잔심부름도 하고 수리과정을 지켜보기도 한다.

자동차도 마찬가지였다. 정비업소가 있기는 했지만 역시 한국보다 훨씬 비싼 수리비 탓에 웬만한 차는 집에서 수리해보려고 했다. 그래서 각 가정마다 차고나 창고에는 각종 공구들이 즐비하고 아이들은 성장하면서 자연스럽게 공구를 쓰고 다루는 법을 익혔다.

가정에서뿐만이 아니다. 아이들은 보이스카우트, 걸스카우트 활동 등을 통해 야영, 행군 리더십, 생존훈련, 응급처치 등을 해보고, 여름방학에는 서머캠프를 떠나 자연캠핑, 체스, 미술, 레고 등의 활동을 했다.

요리도 마찬가지였다. 하숙집의 초등 4학년 정도 된 남자아이는 아침에 엄마를 깨우지 않고 간단한 시리얼을 챙겨먹기도 하고, 주말 점심에는 본인이 스파게티 등을 직접 요리해 먹기도 했다.

캐나다 부모들은 아이들이 어렸을 때부터 식사를 같이 준비하는 법을 배우는 것을 굉장히 중요하게 여겼다. 주인집 아주머니도 초등아이에게 간단한 재료 다듬기, 쿠키나 빵 만들기, 식탁에 접시 놓기 등을 자주 시켰고, 10세 정도만 되도 아이들은 간단한 끼니는 본인이 요리해서 먹는 것을 당연한 일로 여기는 듯했다.

엄마가 차려주는 밥 먹는 것에 익숙한 아이들만 보다가 아이가 요리하는 것에 놀라자 하숙집 아주머니는 말씀하셨다. "여기서는 요리를 거의 수영과 같은 생존스킬로 여겨서 애들도 당연히 할 줄 알아야 한다고 생각해. 간단한 것조차 할 줄 모르면, 야 넌 숨은 어떻게 쉬니? 그럴걸."

서양 아이들의 창의력은 이런 소소하지만 다양한 활동과 체험을 통해 자란다. 책상 앞에서 창의력 공부를 해서 키워지는 게 아니라는 말이다. 한국에서 창의력 이야기가 나오면 로봇학원, ○○창의력학원 등 또 다른 사교육으로 이어지는 것이 안타깝다.

대부분 아파트가 주거인 한국에서 마당에 뭔가를 제작해본다든가 수리를 한다든가 하는 활동이 어렵다면 캠핑 활동은 훌륭한 대안이 된다. 요즘 캠핑붐이 일어나면서 주말이면 아이와 함께 캠핑을 떠나는 가족들을 쉽게 볼 수 있다. 텐트를 칠 때 소소하게 도움을 준다든가 관찰을 하거나 캠핑장 나뭇가지 등 자연물을 가지고 무언가를 만들어보는 것, 캠핑 요리를 준비할 때 함께 참여하는 것 등은 아이에게 과제해결능력(problem-solving)을 키울 수 있게 한다. 캠핑까지 가서도 각자 스마트폰에 빠진다면 이런 소중한 기회를 놓치는 것이다.

또한 손 세차를 하러 간다든지, 자전거를 고치러 간다든지 할 때도 아이와 동행해보는 것이 좋다. 꼭 바쁘게 뭘 하지 않아도 공원산책을 가서 잠시 '멍 때리는' 시간을 갖는다거나 곤충, 식물들을 보는 것도 창의력이 자라는 시간이다.

매번 노벨상 수상시기만 되면 한국에서는 왜 수상자가 나오지 않느냐는 질타가 쏟아진다. 사실 한국 아이와 외국 아이들이 타고 나는 창의력 그릇은 다르지 않을 것이다. 해답은 매일매일의 일상에 있다.

수학계의 노벨상이라 불리는 필즈상 수상자인 허준이 프린스턴대 교수는 모교인 서울대 졸업식 축사에서 **"의미와 무의미의 온갖 폭력을 이겨내고 하루하루를 온전히 경험하기를, 그 끝에서 오래 기다리고 있는 낯선 나를 아무 아쉬움 없이 맞이하라"**고 격려했다. 생활 속에서 키워가는 창의력은 수치화되는 게 아니기에 바로 느끼지 못할 수 있지만, 소소하지만 매일매일 다양한 일상을 경험한 아이들은 그만큼 성장한 '낯선 나'를 만나게 될 것이다.

4장

실수와 실패에
대범한 아이

잠시라도 한눈팔면 안 돼!
– 경주마가 될 것을 강요받는 아이들

　서울에서 설악산으로 바로 가는 고속도로가 개통되면서 많은 사람들이 편리하게 이용하고 있지만, 한계령이나 미시령 등 구불구불한 옛날 산길 국도를 이용하는 사람들도 여전히 많은 것 같다. 봄, 가을 날씨 좋을 때의 풍경이 고속도로로 가는 것과는 천지 차이이기 때문이다.

　구불구불한 산길을 따라 드라이브를 하면서 가을 산의 아름다운 풍경을 온전히 즐기다 보면 마음에 드는 곳이 나올 때 잠시 차를 멈추고 풍경을 감상할 수도 있다. 이렇듯 어떤 종류의 여행 루트를 선택하느냐는 운전자 취향에 달린 것이고, 산길을 따라 돌아가는 길로 여행을 했다고 해서 왜 그 길로 가느냐고 비난하는 사람은 없다.

　그런데 한국의 학생들 경우는 다르다. 이 아이들은 흡사 경마장의 경주마 취급을 받는 것만 같다. 조금이라도 샛길로 가면 큰일이 나는 것이다. 학교에서 근무하다 보니 지인들이나 동네 이웃들까지도 상담을 많이 해오는 편인데, 초등학교 2~3학년 아이들이 단원평가에서 두세 개 틀렸다고 하늘이 무너진 듯한 표정을 짓는 걸 보면 어이가 없다. 대여섯 살 아이들을 데리고 "얘는 문과 쪽이지요, 이과는 아닌 거 같아요. 싹수가 안 보여요"라고 하며 서운해하는 것도 마찬가지다.

한국에서 축구 지도자로 인정받아 독일 유소년 축구팀을 지도하게 된 감독의 일화다. 독일 축구팀을 이끌며 지역 축구 대회에 참가한 그는 팀 경기를 치르던 중, 학생 선수 하나가 실수를 하는 모습을 보게 된다. 평소에는 무난한 플레이를 보이던 학생이었지만, 그날은 어떤 이유에서인지 게임이 잘 풀리지 않는 듯한 모습에 감독은 즉각 다른 선수로 교체해 팀을 승리로 이끌었다.

그런데 자신의 빠른 판단 덕분에 팀이 승리했다고 기뻐하던 감독을 기다린 건 선수 부모들의 냉담한 반응과 관계자 질책이었다. 결과보다는 과정과 실패에서 배우는 게 더 많은 청소년들인데, 실수를 통해 배울 수 있는 기회를 아예 박탈해버린 것에 대해 매우 유감이라는 것이다.

학생 시기, 특히 저학년 시기는 이것저것 해보면서 실패와 실수를 통해 배워야 할 때다. 초등 2, 3학년 아이를 놓고 학교에서 성취도가 좋다느니 나쁘다느니 하는 것은 큰 의미가 없다.

올림픽 서핑 결승전의 두 선수

2020년 도쿄 올림픽 서핑 종목 결승전에서는 매우 대조되는 두 선수가 만났다. 브라질의 페레이라 선수는 인구 8000명밖에 안 되는 브라질의 작은 어촌 마을에서 태어나 생선 포장 스티로폼 위에서 파도를 타는 것으로 시작했다고 한다. 반면 일본의 이가라시 선수는 아이의 서핑을 위해 일본에서 미국 이민까지 감행한 부모님의 전폭적인 지원 아래 서핑의 메카인 캘리포니아 헌팅턴 비치 부근에서 엘리트 코스를 밟으며 자란 선수다.

당시 페레이라 선수는 악천후로 인해 경기를 시작한 지 단 일 분 만에 보드가 두 동강이 난 상황에서 다른 보드를 타고 경기를 치렀고, 이가라시 선수는 여러 파도를 보내고 좋은 파도가 올 때까지 기다려 난이도 높은 기술을 선보이는 고득점 전략을 펼쳤다.

올림픽 서핑 결승은 35분 동안 가장 점수가 높은 2회의 평균으로 메달 색이 결정되는 만큼 이가라시 선수의 전략이 이해가 안 가는 건 아니었다.

그런데 결승전 때 결승 장소인 쓰리가사키 해변은 태풍으로 인해 파도가 거세고 물에 부유물까지 떠다니는 상황이었다. 이에 좋은 파도만 기다리던 이가라시 선수는 다가오는 파도가 좋지 않으면 당황하는 기색을 보였다. 이로써 궂은 날씨지만 매 순간 밀려오는 파도를 그냥 보내지 않고 최선을 다한 페레이라 선수가 우승을 거두었다.

성장 과정과 경기 스타일까지 매우 대조적인 두 선수 이야기는 연일 화제가 되었다. 혹자는 서핑 경기를 사람의 인생 같다고 했는데, 바다에서 언제나 좋은 파도만 만날 수 없듯 우리 삶도 언제나 좋은 날만 있을 수는 없다. 예기치 못한 시련과 역경이 닥쳤을 때 그것을 회피하느냐, 파도에 세게 얻어맞고 잠시 휘청하더라도 이를 받아들이고 극복해 앞으로 한 발짝 더 나아가느냐 하는 모습이 매우 비슷하다는 것이다. 이를 심리학에서 회복탄력성이라 부른다. 시련과 실패를 겪더라도 이에 좌절하여 포기하지 않고, 탄력 있게 튕겨나가는 공처럼 도약하는 능력이다. 소위 '멘탈이 강하다'는 것은 회복탄력성을 뜻하는 말이다.

교사 생활을 막 시작했던 초임 시절보다 지금은 해가 갈수록 학생들 멘탈이 더 약해지는 듯한 느낌을 받는다. 특히 입시를 앞둔 수험생들 경우가 더 그렇다. 경쟁이 치열하기로는 수험생 수가 엄청났던 20년 전 고3 학생들이 더했을 텐데, 왜 지금 학생들의 멘탈이 더 약해진 것일까?

파도에 휘청하더라도 다시 일어나 앞으로 나아가는 힘, '회복탄력성'

큰 시험에 강한,
회복탄력성 좋은 학생들의 특성

앞서 중학교 첫 시험에 대해 언급했지만, 이에 더해 고등학교 입학하여 처음으로 보는 전국 모의고사의 충격을 이야기하지 않을 수 없다. 중학교 시험과 비교해 범위도 넓어지고 난이도가 갑자기 확 올라버리는 시험 때문에 아이들 중에는 생각과 다른 결과에 낙담해하는 경우가 많다.

고등학생들 사이에는 자기들끼리 중학교 때 성적표는 "아름다운 쓰레기더라"라고 자조적으로 말하는 우스갯소리가 있다. 중학교 때까지는 누군가 정리해주고 떠먹여준 지식을 달달 외워서 상위권을 유지하며 자신이 그 과목을 완벽히 이해한다고 착각했지만, 고등학교에서는 남이 시켜준 방식의 공부로는 한계가 있기 때문이다.

유난히 시험에, 꼭 책상 앞에 앉아서 치르는 공부 시험만이 아니라 줄넘기 같은 체육실기든 음악수행이든 평가가 있는 영역에서 평가 노이로제가 있는 아이들이 있다. 다양한 학력 수준의 학교에서 근무했지만 소위 말하는 학군지, 즉 학생과 학부모 모두 학업에 관심 많은 지역의 학교 아이들일수록 '시험 노이로제' 증상을 보이는 학생들이 많았다. 참 안타깝고 속상한 일이다.

아이가 이렇듯 시험 공포나 지나친 부담감을 가지고 있다면, "공부는 시험을 보기 위해 하는 게 아니야", "공부 결과보다는 과정이 중요해"라는 말들로 부담감을 덜어줄 필요가 있다. 자녀교육 분야에서 국민 멘토로 활발하게 활동중인 오은영 박사도 '이 지긋지긋한 공부 도대체 왜 해야 하나'라는 아이 질문에 어떻게 대답해야 하냐는 부모의 물음에 이렇게 조언해주었다. "아이에게 '공부를 **잘**해야 한다'라는 문장에서 '**잘**'을 빼고 답하라"고 말이다.

학생의 직업은 공부이고, 공부라는 것은 아이들이 자기 직장에서 도전 → 실패 → 자아성찰 → 성장을 이루는 과정이다. 따라서 직장인이 직장에서 소득을 올리려 일을 하는 것처럼 학생은 자기 일인 공부, 학습을 통해 성장해야 하지만, 꼭 잘해야만 하는 것은 아니라는 것이다.

정말 200퍼센트 공감하는 말이다. 이 '잘'이라는 한 단어로 인해 얼마나 많은 학생들에게 공부의 본질이 훼손된 채 공부가 지긋지긋한 것이 되어버렸는가 하는 말이다.

그리고 아이의 마음챙김을 위해 '공부 결과보다는 과정이 중요하다'라고 말했다면 그 말이 진심이라는 것을 말과 행동으로 보여주어야 한다. 이러한 마음챙김 중 가장 좋은 방법은 바로 **엄마 아빠가 자신의 실패와 좌절에 대한 이야기를 아이에게 들려주는 것이다.**

시험 노이로제를 앓는 학군지 아이들 학부모들은 대부분 엘리트인 경우가 많았다. 아이들이 학교에 와서는 "선생님, 저희 엄마는요 전교 1등을 놓쳐본 적이 없으시대요", "저희 아빠는 미국 ○○ 대학에서 장학금 받으면서 박사 학위를 받았어요"라며 부모님의 높은 학력과 학창시절 무용담 등을 전하기도 했다.

하지만 아이들은 이렇게 완벽하고 우월한 부모 모습이 오히려 높은 벽처럼 느껴지고 따라잡을 수 없는 경쟁자로 여기게 된다. 항상 잘하기만 했다는 부모님 모습과 자신을 비교하며 좌절감과 무력감을 느낀다.

그런데 "엄마는 한글 배울 때 ㄱ을 매번 거꾸로 썼는데 똑바로 쓰기까지 5개월이나 걸렸어. 심지어 회초리도 맞았지"라거나, "아빠도 고등학교 입학하고 나서 수학점수가 곤두박질쳤어. 뭘 어떻게 해야 할지 모르겠더라고. 한참 헤매다가 매일 꾸준히 정해진 만큼 수학 공부를 마쳐야만 잔다는 각오로 몇 달을 하니까 그제서야 좀 뭔가 보이더라"라는 식으로 부모도 똑같이 시험을 망치기도 하고, 공부가 너무 어려워 힘들어했었다는 이야기를 해주면 아이들은 눈을 똥그랗게 뜨고 "정말요?" 하고 물으며 안도의 한숨을 쉰다. 그리고 자신도 지금의 어려운 과정을 하나씩 하나씩 해결해 가면 부모처럼 성장할 수 있을 거라는 위로를 받는다.

마음챙김의 또 다른 좋은 방법은 시험공포를 극복하기 위해 시험 보는 학생 자신의 모습을 **시각화하는 '이미지 트레이닝**(image-training)'을 하는 것이다.

아이의 손을 잡고 눈을 감고 심호흡을 크게 해보라고 한 후 상상해보는 시간을 격식을 갖춰 가질 수도 있고, 아니면 지나가는 말로 가볍게 다음처럼 이미지 트레이닝의 포문을 열어줄 수도 있다. "○○아, 걱정할 필요 하나 없어. ○○이는 잘할 거야. 시험지를 받고 차분하게 풀어나가는 ○○이 모습을 한번 상상해보자. 햇살이 환하게 비쳐서 교실이 밝고 화사해(이미지 트레이닝에서는 밝은 조명을 상상하는 게 중요하다). ○○이 얼굴에는 자신감이 있고 하나하나 당황하지 않고 문제를 풀어나가고 있어."

가능하다면 두 번째 이미지 트레이닝 시에는 시험을 볼 장소, 체육관이나 교실의 벽, 책상, 시계 등 다른 세부사항들도 머릿속에 그리고 그 안에 있는 자신을 상상해보도록 해보자. 이러한 이미지 트레이닝은 아이들이 시험이나 다른 스트레스를 받는 상황에서 불안감을 줄여주고 자신의 능력을 최대한 발휘하도록 하는데 매우 효과적이다. 차분하고 침착하게 문제를 해결하는 긍정적인 자신의 이미지를 반복해서 머릿속에 그려보면 실제 그 상황에

닥쳤을 때도 긴장을 덜 하게 되는 것이다.

필자 본인도 많은 학생들과 학부모들에게 이 방법을 권해보았고 큰 도움이 되었다는 이야기를 들었다. 물론 교사로서 이런 처방까지 하게 된 데는 한국의 입시제도 자체가 문제라는 것에 동감한다.

필자 또한 누구보다도 아이들이 안쓰럽고, 그것이 이 책을 집필하게 된 이유이기도 하다. 아이들을 등급으로 나누다 보니 1등급에 해당하는 학생들은 극소수일 수밖에 없고, 시험을 치러야 할 과목도 너무 많고, 시험도 킬러문항이라는 명분으로 지나치게 어렵다는 것 등 지적할 점이 한두 가지가 아니다.

입시제도 개선에 대해서는 교사도 학부모도 적극적으로 꾸준한 목소리를 내야 하는 건 물론이지만, 제도 개선 이전에 대학 서열화 타파, 사회적인 합의 등 먼저 해결되어야 할 사항들이 많다. 이러한 어려운 상황에서 학생들이 멘탈을 잡는다는 것, 마음의 흔들림을 최소화하고 해야 할 일에 몰두한다는 것은 쉽지 않은 일이다. 그래서 더욱더 회복탄력성을 키우는 게 중요하다.

가수 이적의 어머니로도 알려진 박혜란 작가의 《믿는 만큼 자라는 아이들》이라는 책을 보면, 아들들의 고3 수험생 시절 이야기가 나온다. 아들들 입시와 동시에 공부를 시작했던 작가는 아이가 수험생활을 어떻게 하는지 살필 겨를이 없었다는 이야기, 셋째 아이 입시 때는 외국에 있었기 때문에 도시락마저도 아이들끼리 싸서 등교했다는 일화를 읽다 보면 빙그레 미소가 지어졌다. 비슷한 일화를 지닌 제자 수현(가명)이가 생각났기 때문이다.

수현이는 그야말로 우직하다는 말이 딱 어울리는 여학생이었다. 수현이는 고등학교 1학년이 다 끝나갈 무렵 미술로 진로를 바꿨는데, 남들보다 늦게 시작한 만큼 엄청나게 노력을 해야 했다. 미대를 준비하는 아이들 생활을 보니, 아이들 말에 따르면 '토 나오게' 그림만 그린다는 이야기가 이해가 됐다. 너무 힘들어 보여 차라리 공부로 대학을 가는 게 쉽지 않을까 하는 생각이 들 정도였다. 수현이의 그림 실력이 월등하거나 눈에 확 띌 만큼 재능이 있어 보이지 않았는지, 주변에서도 그냥 관두고 하던 공부를 계속하는 게 어떻겠냐는 이야기를 귀에 딱지가 앉도록 들었다고 한다. 거기에다 그림에 신경을 쓰다 보니 성적을 유지하는 것도 쉽지 않고 티가 났다. 여기저기서 듣는 충고들에 마음대로 되지 않는 그림, 공부할 시간이 부족해 쉽지 않은 성적 유지 등 멘탈이 흔들리지 않는 게 오히려 이상한 상황이었다.

저러다 아이가 확 꺾여서 슬럼프가 길어지면 이것도 저것도 안 될 텐데 어쩌나 하고 나까지 걱정이 되었다. 하지만 수현이는 흔들리더라도 주저앉지는 않았다. 툭툭 털고 일어나 "마지막까지 열심히 하면 어디라도 붙겠죠"라면서 의연했다. 연습 시간이 긴 탓인지 피곤해 보이기는 했어도 친구들과 매일 쓰는 간단한 그림 격려 일기 등을 포기하지 않고 긍정적인 태도를 유지했다. 입시실기

당일 날에도 좋은 컨디션으로 훌륭하게 마무리했는데, 누군가는 그 아이가 운이 좋았던 거라고 말할지 몰라도 필자는 그렇게 생각하지 않는다.

실제로 회복탄력성이 좋은 아이들에겐 다음과 같은 특성이 있다.

1. 자기가 어찌할 수 없는 부분에 대해서는 신경을 끄고, 통제 가능한 부분에 에너지를 쓰려고 노력한다

핵가족 사이에서, 자기만의 방을 갖고, 부족할 것 없이 자란 요즘 아이들은 작은 것에 예민해지며 툴툴거리는 경향이 있다. 공부를 시작하려 해도 이게 불편하고 저게 준비가 안 되어 있는 등 핑계거리가 많다. 하지만 회복탄력성 좋은 아이들에겐 '잘될지는 모르겠지만 **일단 시작하고 보자!**'라는 자세가 있다. 그러다 보면 그 자세가 습관으로 자리 잡게 되고 집중 시간도 점점 늘어나게 된다.

2. '물이 절반만 남았네'가 아니라 '반이나 있네'라는 태도로 생활한다

'수능 1교시를 국어가 아닌 부담이 적은 과목으로 해주세요'라는 국민청원이 등장했다고 한다. 국어가 무척이나 어려웠던 소위 말하는 '불수능, 불국어' 해에는 1교시가 끝나고 멘탈이 무너져 다음 과목도 줄줄이 망친 학생들이 속출했는데, 심지어 1교시 도중

시험을 포기하고 고사장을 떠나버리는 아이도 있었다고 한다. 하지만 회복탄력성 좋은 친구들은 '에이, 뭐 나만 어려웠나? 다 마찬가지지. 그래도 나머지 과목들이 있으니 여기서 만회하면 되는 거지 뭐'라는 자세를 취한다.

3. 자신의 장점을 파악하고 사랑하지만, 도움이 필요하다고 생각될 때는 망설이지 않고 청한다

회복탄력성이 좋은 아이들은 기본적으로 자신에 대해 긍정적인 이미지를 가지고 있으며, 자신이 가진 장점을 극대화하려고 노력한다. 하지만 지나친 자신감으로 일을 망치지는 않으며, 본인이 하는 데까지 해보다 이건 혼자서는 안 될 것 같다고 느끼면 도움을 청하는 데 주저하지 않는다. 도움을 청하는 일이 부끄럽다거나 자존심이 상한다는 이유로 회피하거나 숨지 않으며 도움을 받으면서 문제를 조금 더 객관적으로 바라보는 기회를 갖는 것을 주저하지 않는다.

4. 일희일비하지 않는다

아이답지 않게 무덤덤하다는 이야기가 아니다. 학교를 다니면서 짜릿한 성취감을 느끼는 순간도 있지만 쥐구멍으로 들어가고 싶을 정도로 창피한 순간, 좌절하는 순간도 있을 것이다. 그런데 회복탄력성이 있는 아이들은 그런 순간의 부정적인 감정이 자신을 갉아먹도록 내버려두지 않고 감정조절을 할 수 있다. 그래서 "이번에 망했으면 다음에 잘하면 되는 거지"라고 차분하게 대응할 수 있는 것이다.

5. 힘든 상황에서도 유머 감각을 잃지 않는다

모의고사나 학교 시험이 끝나고 채점을 하면서 시험이 폭삭 망했다고 방방 뛰면서도 주변 아이들을 한바탕 웃기는 아이들이 있다. 아무리 위기 상황이라도 유머가 있으며 털어버리고 다시 튀어오르기 쉽다.

우리 아이 회복탄력성 키우는 방법

회복탄력성이란 결국 마음의 근육을 키우는 것이라고 할 수 있겠다. 어떤 사람들은 "결국 다 타고나는 거 아닌가요? 태어날 때부터 좋은 아이들은 정해진 거죠"라고 할지 모른다. 어느 정도 일리가 있는 말이기도 하다. 특히 예민하고 불안감이 높은 특성을 가지고 태어나는 아이들도 있기 때문이다. 하지만 느긋하고 배포 좋은 성격이 타고나는 것이라고 해도, 어떻게 양육하느냐에 따라 타고난 기질을 극대화시킬 수도 있고 약화시킬 수도 있다.

회복탄력성이 좋은 아이로 키우려면 부모는 다음과 같은 자세를 가져야 할 것이다.

1. 아이의 본질에 집중해주고, 부모 마음대로 아이를 판단하지

말자

아이가 학교에서 단원평가 등을 마치고 와서 "나 90점 넘었어" 라고 좋아한다면 아이가 스스로를 뿌듯해한다는 그 사실에 같이 기뻐해주는 것에서 끝나야지, "다른 애들은?" "반에서 90점 이상이 몇 명이야?" 하는 식으로 반응하지 말아야 한다. 물론 부모로서 궁금한 게 당연하지만 참아야 한다. 참았다가 나중에 슬쩍 알아보는 한이 있어도 말이다. 설사 학급의 절반 이상이 90점 넘는 점수를 받았다 하더라도 그것은 별로 중요하지 않다. **중요한 것은 아이가 자신에 대해 어떻게 느끼는가이다.** 회복탄력성이 좋은 아이들에겐 뚝심이 있다. 뚝심이 있다는 것은 쓸데없는 눈치 보기를 하지 않는다는 것이다. 아이가 스스로에 대해 긍정적인 자아를 형성할 때 스스로에게 의심을 품지 않도록 부모는 아이를 자기 기준으로 평가하거나 판단하지 않아야 한다.

2. 아무 일도 일어나지 않는 평온한 일상에서 행복한 순간을 찾아내는 연습을 아이와 함께하자

베스트셀러 작가이자 강연가인 김영하 작가는 이렇게 말했다. "21세기를 희망에 찬 무지갯빛 시대라고 바라보기는 어렵다. 오히려 모든 것이 불확실한 회색빛이라고 보는 게 맞을 것이다. **이런 무미건조한 시대에 찰나의 행복함을 찾아내는 민감한 촉수를 단련하는 것이 현대인이 행복해지는 비결**이 될 것이다."

아이들은 슬펐던 일, 학교에서 누가 자기를 못살게 굴었던 일만 기억하고 자꾸 다시 끄집어내려고 한다. 하지만 생각해보면 행복한 일은 매일 있다. 아이와 함께 잠들기 전, 아니면 저녁 식사를 하면서 부모 먼저 오늘 있었던 기분 좋았던 순간이라든가 감사했던 일을 간단히 이야기해보면 좋다. 억지로 순번제로 아이에게 또다른 발표 시간이 되게 할 필요는 없고, 그냥 **"엄마가 오늘 커피를 한잔 마셨는데 우유 거품이 솜사탕처럼 폭삭하게 잘 올라와 있어 기분이 좋았어"**라든지 지극히 일상적인 이야기로 말문을 여는 것이 좋다. 회복탄력성이 좋은 아이들을 관찰해보면 작은 것에도 감사할 줄 아는 마음이 있다. 이는 '대화로 써보는 하루 감사 일기' 등의 소소한 가족의식으로도 함양시킬 수 있는 부분이다.

행복했던 순간을 서로 짧게나마 이야기하는 시간을 가질 것

3. 강렬한 감정, 충동을 조절하는 데는 가족 '보드게임' 시간이 도움이 된다

요즘에는 초등 저학년 때부터 충동조절 장애, ADHD(조용한 ADHD도 있다) 등으로 고생하는 아이들이 많다. 회복탄력성이 좋은 아이들은 자신의 감정을 적절하게 통제할 수 있는데, 보드게임에는 이를 위한 좋은 훈련 요소들이 많다. 보드게임을 하려면 a) 일단 자기 순서를 기다려야 하고, b) 더 나은 방법을 고민하도록 사고를 유연하게 해야 하며, c) 이로써 참을성과 기억력 훈련을 할 수 있다. 보드게임은 무엇보다 재미가 있고, 글을 깨우치기 전 아이도 참여할 수 있기 때문에 가족 놀이문화로 적극 추천한다.

4. 아이에게 정서적 지지를 해주는 사람과 시간을 보낼 기회를 많이 만들어준다

아프리카 속담에 '아이를 키우는 데는 온 마을이 필요하다'는 말이 있다. 이렇듯 아이들은 여러 사람으로부터 받는 정서적 지지가 단단할수록 회복탄력성이 발전하게 된다. 대표적인 인물로는 조부모가 있을 수 있다. 멀리 떨어진 조부모와 직접 만나는 것은 어렵지만, **"엄마가(아빠가) 할머니한테 ○○이가 일주일에 4일이나 줄넘기 30분 이상 하는 약속을 해냈다고 전했더니 할머니가 정말 대견하다고, ○○이가 얼마나 노력했을까 기특하다고 하시네"**라는 식으로 조부모가 아이를 지지해주는 걸 대신 전달해줄 수도 있을 것이다. 이렇게 지지를 받으며 자란 아이는 위기가 닥쳤을 때 털고 일어날 힘도 생기고 도움이 필요할 때 요청하는 자기표현에도 능하게 된다.

5. 안절부절못하는 부모보다는 때로는 무심한 것이 낫다

아이들이 시험을 앞두고 받는 스트레스 반응은 천차만별이다. 학생에 따라서는 배가 아프다거나 토하는 등 신체 반응으로 나타나는 아이도 있다. 이렇게 예민해져 있는 아이들에게 시험을 앞두고 "이러면 큰일이다"라는 등 옆에서 불안감으로 자꾸 잔소리를 하는 것은 불난 집에 기름을 붓는 격이다. 때로는 무심한 척해주는 것이 아이를 도와주는 일이 될 수도 있다. 앞서 말한 제자 수현이 경우에도 수현이 부모님은 뒤늦게 미술로 진로를 바꾼 딸에게 일체 닦달하지 않았다. "지가 한번 해보겠다고 했으니, 믿어야죠"라고 하면서 그야말로 '쿨'한 모습을 보이셨다.

물론 말이 쉽지 부모 입장에서 그게 쉬운 일이냐 할 수도 있을 것이다. 하지만 아이가 회복탄력성을 잘 키워나갈 수 있도록 도와주려면 부모도 의연해질 필요가 있다. 속이 타들어가고 불안하더라도 안 그런 척이라도 할 필요가 있다.

아이에게 가장 부정적인 영향을 끼치는 부모는 일관성이 없는 부모, 자신의 불안감을 제어하지 못하고 아이에게 화를 내는 것으로 전이하는 부모다. 어떤 날은 "공부가 다가 아니야. 편하게 마음

먹고 시험 봐라"고 했다가, 어떤 날은 "남들은 이렇게 학원을 몇 개씩 다니고 밤늦게 와서도 죽을힘을 다해 달린다는데 너는 그렇게 안이하게 해서 뭐가 되려고 하니?"라고 화를 낸다면 정말 최악이다. 아이는 어느 장단에 맞춰야 할지 갈피를 잡지 못하고 본인의 감정을 관리하고 불안을 조절하는 데 어려움을 겪게 된다. 회복탄력성을 키워나가기도 어렵다.

한국이든 미국이든 중요한 시험을 준비하는 아이를 보는 부모 마음은 크게 다르지 않다. 아이의 중요한 시험을 앞둔 학부모에게 미국 교장선생님이 보냈다는 편지로 4장을 끝맺으려 한다.

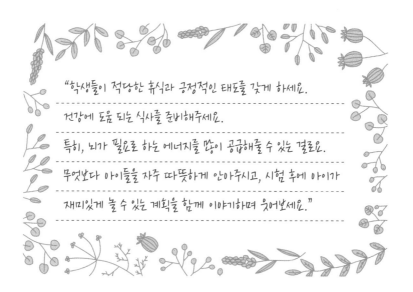

"학생들이 적당한 휴식과 긍정적인 태도를 갖게 하세요.

건강에 도움 되는 식사를 준비해주세요.

특히, 뇌가 필요로 하는 에너지를 많이 공급해줄 수 있는 걸로요.

무엇보다 아이들을 자주 따뜻하게 안아주시고, 시험 후에 아이가

재미있게 놀 수 있는 계획을 함께 이야기하며 웃어보세요."

5장

아이
그릇에 맞는
선행학습

자기 학년 공부만 열심히 하면 낙오자?

'초등학교 5학년까지는 무조건 ○○○을 끝내야 해', '중학교 때 고등학교 수학까지 끝내놓지 않으면 큰일나.' 언제부터인지 중1인데 중1 내용을 공부하면 낙오자로 취급받는 추세다. '1~2년' 정도의 선행은 '기본'이 되었다. 그런데 이상하다. 중2 교실에 고등학교 내용까지 공부하고 있다는 아이들이 앉아 있는데 막상 지금 배우고 있는 내용을 물어보면 알지 못한다. 구멍이 뻥뻥 뚫려 있다. 고등학교 수학을 몇 번 돌렸다는 아이인데 중학교 중간, 기말고사 점수는 과히 좋지 않다.

혹자는 시험 문제를 너무 치사하게 꼬아 내서 아이 점수가 그런 게 아니냐고 할지 모르나, 그건 사실무근이다. 중학교 시험은 절대평가이기 때문에 교육청에서도 평균 70점 이상을 권고한다. 또한 우리 중학교에서 영재고, 과학고 등을 준비하는 학생들이 다른 학교에서 준비하는 아이들보다 손해를 보면 안 되기 때문에 특별히 문제를 어렵게 낼 이유가 전혀 없다.

교실 안에 30명이 앉아 있다면 그중 3분의 2는 선행학습을 했다고 하는 아이들이다. 특히 수학과 과학 같은 이과 과목들은 더욱더 그렇다. 그러나 해당과목 교사들이 체감하는 아이들 실력은 많이 다르다. 선행학습 열풍에 대해 어떻게 생각하는지, 선행학습에 대한 평가를 직접 여러 교사들에게 들어보았다.

교사 인터뷰
– "선행학습 열풍 어떻게 생각하시나요?"

교사 패널 A

어설프게 한 선행학습은 아이들에게 불필요한 습관을 심어준다.

무용이나, 힙합 랩 등을 가르치는 고수들이 제자를 고를 때, 백지상태인 아이들을 선호한다고 해요. 어설프게 살짝 배웠다는 것이 오히려 안 좋은 버릇, 소위 말해 '쪼'가 있는 경우가 상당히 많다는 것이죠. 이 '쪼'를 없애는 것이 정말 어렵다고 합니다. 현행학습을 충분히 심화까지 완성하지 않고 시작한 선행학습은 이런 '쪼'를 심어줄 가능성이 아주 많아요.

일단 중학교 때 학원에서 고등학교 내용을 다 배웠다는 학생들은 고등학교에 와서 교사가 개념, 원리를 설명할 때 잘 안 듣는 경우가 많아요. 아는 거다 이거죠. 그리고 선생님의 개념설명 도입 부분부터 지루해하고, 본인이 알고 있는 공식이라는 것을 처음부터 무조건 대입해, 문제부터 풀려고 합니다.

그런데 개념과 원리라는 것은 완벽히 이해할 때까지 이렇게도 해보고 저렇게도 해보다가 친구한테 자기말로 설명해줄 수 있을 정도가 되어야 숙지했다고 할 수 있어요. 하지만 대부분의 학생들이 본인 실력이 충분하지 않은 상태에서 1, 2년 후 내용의 선행을 시작했기 때문에, 처음 공식을 어설피 외워서 한두 문제 풀던 그 실력으로 '쪼'가 들어버린 거예요. 첫 만남이 잘못된 거죠. 그래서 정작 그 학년이 되어서도 그때 그 어설프게 아는 상태를 뚫고 나가기가 되게 힘들어요. 처음 선행학습이라는 걸 시작하려면 일단 혼자서 한번 해보는 게 필요해요. 혼자서 개념설명을 보면서 이렇게도 궁리해보고 저렇게도 해보다 그다음에 학원이든 어디든 도움을 받아서 하는 거예요. 그런데 대부분의 학생들이 그렇게 안 하죠. 혼자서 맞닥뜨리고 경험해보지 않고 일단 누가 숟가락으로 떠먹여주면 받아먹고 싶어 해요. 가장 중요한 **탐색의 시간**을 놓치게 되는 겁니다.

교사 패널 B

사교육을 받을 때는 그것을 복습하는 자기주도 학습 시간을 확보해야 효과가 있다.

사교육은 받는 것으로 끝나는 것이 아니라 그것을 복습할 자기주도 학습 시간을 확보해야 그 효과를 볼 수 있습니다. **학습 전문가들이 입을 모아 한 번에 2과목을 초과하는 사교육을 하는 것을 지양하라**고 권하는데, 그렇게 되면 자기주도 학습 시간을 확보하는 것이 사실상 힘들기 때문이죠.

사교육이 효과가 있으려면 가서 수업을 듣는 내용을 혼자 공부할 만한 시간적인 여유를 확보하면서 해야 하는데, 많은 학생들이 이렇게 안 해요. 가서 듣고 있는 시간도 본인이 공부하는 거라고 착각하거든요.

교사 패널 C

최상위권 로드맵을 모든 아이들이 따라 한다는 데서 많은 문제가 생긴다.

쭉쭉 나가는 선행학습이 필요한 아이들이 분명히 있어요. 전체 1~4프로 정도의 최상위권 학생들에겐 선행학습이 필요합니다. 문제는 **예전에는 극소수 필요한 학생들만 하던 선행학습을 지금은 50프로, 60프로 넘는 학생들이 하고 있다는 거예요.** 지금 배우고 있는 내용과 그 내용에 대한 완벽한 이해, 깊은 심화학습이 이루어지지 않은 상태에서 진도만 빼는 선행은 효과가 없습니다. **이렇게 하면 아이들을 정신적으로 육체적으로 너무 지치게 하고요.** '혹시나 내 아이가 4프로 안에 들 수도 있으니까. 무조건 해보자'라고 하기에는 희생해야 하는 대가가 너무 커요.

교사 패널 D

아이마다 뇌가 발달하는 속도와 시기가 다르다는 것을 기억해야 한다.

보통 학습을 하는 데 필요한 추상적인 사고가 발달하기 시작하는 때를 만 10세 무렵으로 봅니다. 하지만 아이에 따라서 뇌가 발달하는 속도와 시기가 늦을 수 있습니다. 심지어 노벨상 수상 과학자들의 어린 시절을 보면 어렸을 때부터 천재소리를 들었던 경우는 거의 없다고 합니다. 학습 면에서 지극히 평범했다거나, 오히려 난독증 등의 학습장애를 가졌던 경우도 꽤 있습니다.

어린아이의 뇌는 연약하기 때문에 스트레스에 아주 취약합니다. 유치원, 초등 때부터 시작하는 무리한 선행학습은 아이에게 스트레스를 주고, 이는 오히려 뇌 발달과 지능 발달을 저해할 수 있습니다.

또 요즘 급격히 늘어난 ADHD 아동 같은 경우는 커가면서 증상이 좋아지는 편인데, 정확한 진단도 받지 않은 채 일찍 선행학습으로 내몰리면 결과도 좋지 않을 뿐더러, 그에 따라 아이 자존감만 해치게 될 수 있습니다.

교사 패널 E

'교과서에 충실했어요'라는 말을 간과하면 안 된다.

예전 학력고사든 지금의 수능이든 전국 수석, 만점자들 인터뷰를 보면 꼭 하는 말이 "교과서에 충실히 공부했어요"라는 것입니다. 이 말이 가진 자의 여유처럼 회자되고, 심지어 개그 소재로까지 쓰이는 걸 봤는데 그럴 일이 아닙니다. 문자 그대로 교과서가 중요합니다. 선행학습을 시작하기 전에 현재 공부하고 있는 것을 복습할 때는 첫 단계로는 문제집 말고 교과서로 해야 합니다. 교과서 개념을 자기 것으로 만들면서 해야 하고, 교과서 연습문제를 풀어봐야 합니다.

많은 문제를 푸는 것보다 한 문제를 풀더라도 이렇게도 접근해보고 저렇게도 접근해보는 게 좋습니다. 그러면 한 문제 푸는 데 시간을 너무 많이 쓰는 거 아니냐 할지 모르지만, 의미 없이 문제집에 있는 문제를 쭈욱 훑는 것보다는 훨씬 실력향상에 효과적입니다. 교과서 연습문제를 풀다가 잘 안 풀리면 개념 부분으로 가서 사전 찾듯이 해당부분을 찾아가면서 공부를 합니다. '교과서에 충실했어요'라는 말이 빈말이 아닌 이유입니다.

교사 패널 F

조기교육보다는 적기 교육을 해라.

선행학습을 한다면 현재 하고 있는 학습의 심화학습까지 충분히 마쳤다는 가정하에, 한 학기 정도 앞서나가는 선행학습을 할 수 있을 거예요. 최상위권 학생인 경우는 더 욕심을 내도 되지만 그게 아닐 경우는 그렇습니다.

아이들의 인지능력 발달 단계라는 것이 있습니다. 이걸 무시하고 진도만 빼는 일은 해선 안 됩니다. 제 학창 시절 경험을 돌아보았을 때도 중1 때 낑낑거리면서 여러 달 걸리던 선행학습을 중3 때 해보면 짧은 시간 안에 해낼 수 있었어요. 그만큼 머리가 열렸기 때문이죠. 적기 교육에서 쉽게 해결할 수 있는 것을, 왜 미리 시킨다고 그렇게 고생을 하나요? 이는 요가에서 기본 동작조차 다지지 못한 사람이 고수의 포즈를 시도하는 것과 같습니다.

영어 사교육
– 골라인에서 만날 때까지 조급함을 버려라

영어는 대부분의 유아동 가정에서 사교육비의 가장 많은 부분을 차지한다. 영어 유치원 등의 비용이 만만치 않기 때문이다. 영어 유치원은 규모에 따라 월 평균 100~200만 원 정도의 비용이 들고, 영어 유치원을 졸업했다고 해서 끝나는 것이 아니다. 그 나이 때 쓸 수 있는 어휘나 문장 능력은 한계가 있기 때문에 초등 때에도 연계해서 그에 걸맞은 영어 사교육을 이어나가려면 또 많은 비용이 든다.

해외 이주 계획이 있다든가 자녀가 영어권 학교로 진학할 계획이 있어 원어민 수준의 유창성을 목표로 한다면 많은 비용을 들여 집중적인 영어 사교육을 시킬 수 있다. 그것은 어디까지나 개인이 선택할 문제다. 하지만 여기서 간과해서는 안 되는 점이 있다. 영어 말고도 다른 많은 과목들이 있다는 것이다. 아이 영어 교육에 많은 투자를 하는 가정에서는 다른 과목에도 그만큼 신경을 쓰는 경우가 많다. 그렇게 되면 유아동에게 너무 벅찬 인지 학습의 연속이 될 수 있다. 그러므로 한 과목에 집중투자를 할 경우 다른 과목은 부담이 가지 않는 수준에서 교육을 해야 한다.

부모에 따라서 이렇게 생각할 수도 있다. '영어는 성인이 되어서도 어떠한 계기나 필요에 따라 매일매일 꾸준히 노력한다면 별다른 비용을 들이지 않고도 실력을 쌓을 수 있는 부분이다', '학생 때는 영어에 흥미를 잃지 않고 즐겁게 접하고 공부하면서, 원하는 진로를 결정했을 때 영어 때문에 좌절하는 일이 없는 정도였으면 한다.'

그렇다면 또 다른 이야기가 될 것이다. 왜냐하면 한국은 아이가 영어에 흥미를 유지하도록 도울 수 있는 시스템이 너무 잘 마련되어 있기 때문이다. 영어음성 그림책, 장난감, 영어 교구, 인터넷 무료동영상 등의 자료가 무궁무진하며 이것들은 가정에서도 활용할 수 있다. 또 다양한 화상영어나 전화영어 사이트 등을 통해 의사소통 연습도 할 수 있다.

수능 영어를 위해서는 기승전결이 있는 짧은 스토리북 등을 읽고 이것을 영어로 요약해보는 활동이 도움이 되는데, 이 부분은 혼자 하기 어려우면 사교육의 도움을 받을 수 있다. 오히려 아이가 영어를 즐겁게 해나가는 것을 방해하는 것은 부모님들의 조급증이다. "저 집 아이는 ar이 몇 점대, sr이 얼마래", "초등 6학년인데 수능모의고사가 1등급이 나온대." 하면서 자꾸 비교를 하는 것이다.

도대체 고등학생이 되면 어차피 풀 모의고사를, 초등학교 때 1등급 맞는 것이 무슨 큰 의미가 있는가 싶다. 영어는 어디까지나 의사소통 도구로 쓰이는 언어이므로 '완성'이라는 게 있을 수 없다. 수능 모의고사 영어지문들을 보면 서양철학서나 대학 강의교재 수준의 내용들도 있다. 지문의 인지 레벨과 학생의 인지능력이 맞아떨어지는 고등학교 때 문제를 풀어 좋은 점수가 나오면 되는 것이다.

대학 학부를 영어과로 진학해보니 초등학교나 중고등학교를 영어권에서 다닌 해외파 아이들이 꽤 있었다. 그때는 이미 완성된 영어를 구사하는 그 친구들을 보면서 기가 많이 죽었고, 우리 스스로 해외파/국내파로 구분짓고 '뱁새가 황새 따라가려니 힘들다'고 침울해했다. 학년이 올라갈수록 원어민 교수님이 가르치는 문학 시간에는 영국 고전문학이나 미국 현대문학 작품을 읽고 구두로 발표하거나 북 리포트를 써내야 했는데, 정말 열심히 했지만 한계도 많이 느꼈다.

그러나 성적을 받고는 깜짝 놀랐다. 우리 스스로 벽을 나누었던 해외파, 국내파가 큰 의미가 없었기 때문이다. 원어민 교수님이 주목하는 건 한국에서 자라고 교육받은 우리가 어떤 관점으로 영어권 문학을 읽고 바라보았는가 하는 부분이었다. '해볼 만하다' 는 생각이 들었다. 실제로 지금 해외 취업에 성공하고 씩씩하게 외국생활을 하고 있는 이들은 대부분 국내파 친구들이다.

캐나다 유학시절, 낯선 사람에게는 말을 잘 시키지 않는 한국 문화와는 달리 정류장에서 처음 보는데도 인사말로 시작해 이런 저런 이야기를 늘어놓는 캐나다인들이 신기하기도 하고 당황스러웠다. 같이 수업을 듣는 친구들도 마찬가지였다. 통성명 후 갑자기 자기 가족 이야기, 어린 시절 이야기부터 추억 소환을 하기도 했는데, 거기에 맞장구를 치면서 또 내 이야기도 하려니 아직 완벽하지 못한 내 영어실력이 무척이나 신경이 쓰였다. 그런데 시간이 지나다 보니 완벽한 발음, 문법보다 더 중요한 건 내가 들려주는 이야기의 콘텐츠(내용)라는 생각이 들었다.

어느 날, 소규모 오리엔테이션처럼 같이 수업을 듣는 친구들에게 자신을 간단히 소개하는 시간이 있었다. '한국에서 왔어' 말고는 마땅히 할 말도 없어서 내 이름을 소개하기로 했다. 당시 필자는 한국 이름을 그대로 사용하고 있었다. 갑자기 소개를 하려니 목소리가 떨리고 머뭇거려졌지만 어쨌든 "내 이름은 한국어로도, 한자로도 쓸 수 있으며, 한자는 표의문자이기 때문에 내 이름에는 의미가 있다. 그 뜻은 다른 이들에게 행복을 가져다주는 사람이라는 것이다"라고 말을 맺었다. 생각보다 반응이 매우 좋았는데, 몇 주가 지나도 그 많은 학생 중에 내 이름을 기억하고 부르는 사람들이 꽤 있었기 때문이다.

같이 수업을 듣던 캐나다 친구는 이렇게 말해주었다.

"당연히 기억이 나지. 인상 깊은 소개였거든. 영어 이름은 그냥 사운드(sound)로 짓지 뜻은 잘 생각 안 해. 그 해에 어떤 드라마가 대히트를 하면 그 해에 태어난 애들은 줄줄이 그 드라마 주인공이랑 이름이 같고 그렇다니까. 그런데 한국 이름들에는 그렇게 다 멋진 의미가 있다니 정말 쿨(cool)하다고 생각했어."

우리가 영어를 할 때에는 어차피 악센트가 있을 수밖에 없다. 네이티브들이 관심 있는 것은 우리가 하려는 이야기 내용, 콘텐츠다. 자기만의 콘텐츠를 가지고 있다면 그들은 우리가 말하는 영어 발음에서 흠을 찾으려 하기보다는 최대한 집중해서 이야기를 듣고자 할 것이다.

따라서 아이를 원어민과 똑같이 키우려는 데 초점을 맞추기보다는 자기만의 콘텐츠, 들려주고 싶은 이야기가 있는 아이로 키우는 것이 더 중요하다. 생각해보자. 영화감독인 봉준호 감독보다 곁에 있는 통역사 분의 영어 실력이 훨씬 뛰어나겠지만 아카데미 시상식에서 청중이 폭소를 터뜨리고 환호를 보낸 건 감독이 직접 던진 마틴 스콜세지 유머였던 것처럼 말이다.

필자가 영어교사로 고등학교 영어 시간에 수업을 해보면 영어 유치원을 나온 학생이나 본인이 흥미를 가지고 꾸준히 노력을 해온 학생이나 구분할 만큼 차이가 나지는 않는다. 자꾸 골라인에

도착하기 전까지 앞서거니 뒤서거니 하는 과정을 견디지 못하고
조급증으로 아이의 흥미를 떨어뜨리는 일은 자제해야 한다.

교육철학이 있는 좋은 학원이란?

사교육에서 선행을 미는 이유 중 한 가지는 티가 나기 때문이다. 아이를 사교육에 보내는 부모님들은 빠른 결과물을 원하기 때문에 뭔가 눈에 보이는 게 있어야 한다. 중1인데 중3 진도를 나간다고 하면 왠지 아이가 엄청나게 발전한 것 같기 때문이다. 그런데 막상 중3이 되어 그 내용을 배울 때가 되면 '나는 중3 것까지 다 배운 사람이야'라고 하면서 열심히 하지 않는다. 강의를 들은 것이 본인의 것으로 소화해서 학습했다는 것을 의미하지 않는데도 착각에 빠져 있는 것이다.

교육철학을 가지고 있는 좋은 학원들은 다음과 같은 특성을 갖는다.

1. 학생을 한 명의 인격체로 대하며 자존감을 해치지 않는다

학원을 다니는 이유는 성적 향상을 위해서이므로 당연히 어느 정도의 긴장감이나 경쟁심을 자극할 필요가 있을 것이다. 하지만 그 자극이 때로는 아이들의 소중한 자존감까지 깎아내리는 방식이라면 문제가 있다. 사실 좀 많이 놀란 부분이기도 한 것이, 성적만 오른다면 아이가 학원에서 이런 취급을 받는 것을 그냥 묵인하는 부모들이 꽤 있다는 것이다.

이는 작은 것을 추구하다 큰 것을 잃는 것이다. 수험생활이라는 것은 결국 멘탈 싸움이다. 큰 시험을 앞두고 마음을 편하게 먹고 본인 실력을 백퍼센트 발휘하려면 결국 비결은 자존감, 스스로에 대한 믿음이다. 학생을 조급하게 하고 안달나게 하는 방식으로 몰아치면 힘든 수험생활에서 스트레스 관리가 힘들어진다.

2. 짧은 기간 안에 어디까지 끝내준다고 장담하지 않는다

선행진도를 쭉쭉 나가는 건 가르치는 입장에서 편한 길이다. 보통 그런 곳은 숙제의 양이 굉장히 많고, 아이는 그것을 기계적으로 해치워나갈 수밖에 없다. **공부를 해야 하는데 숙제만 하고 있는 것이다.** 입시생들의 일희일비를 같이하는 고등학교 교사들은 결국 '공부에는 따로 지름길이 없고, 누군가 떠먹여주는 공부에는 한계가 있다'는 것을 절실히 느끼게 된다고 입을 모은다. 왜냐하면 요즘 입시와 공부에는 '생각하는 힘'이 절대적으로 필요하기 때문이다. 기계적으로 문제를 풀어내는 훈련에는 한계가 있다. 어디까지 진도를 빼주는가가 아니라 내실이 중요하다.

3. 학부모와의 소통이 원활하다

또한 부모 입장에서는 아이가 선행한 내용을 숙지했는지 집에서도 확인해주는 과정이 필요하다. 요즘에는 시험 기출문제집이나 모의고사 문제 등은 쉽게 구할 수 있다. 아이가 학원을 다니면서 선행학습을 하고 있고, 다음 단계, 진도를 앞두고 있다면 집에서 지금까지 선행한 부분을 한번 테스트해보는 것이 필요하다. 이때는 되도록 시험시간과 동일하게 시간제한을 둔 채로 테스트해보는 것이 좋다.

상당히 비싼 수업료를 내고 학원을 보내면서도 이 과정을 생략하는 학부모님들이 많다(아마 알아도 모르는 체하고 싶은 마음, 아이한테 화를 내게 될까봐 두려운 마음이 있기 때문일지도 모른다). 하지만 이 과정은 꼭 필요하다. 가정에서 확인했을 때 성취도가 좋지 않다면, 지금 필요한 건 배운 내용을 다시 점검해보는 심화학습이지 선행학습이 아니기 때문이다. 교육철학이 있는 좋은 학원이라면 학부모와의 소통이 원활하고, 아이 실력을 충분히 다지고 싶어 하는 부모의 의도를 존중할 것이다.

◆ 05 ◆

학원이나 인강 수업이
효율적인 공부가 되려면?

학습에 도움이 필요해서 학원을 다니거나 인터넷강의 수업을 듣고 있는데 발전이 없다면 다음 습관들이 있는지 살펴보아야 한다.

벼락치기: 학원이나 인강 과제, 공부해야 할 양을 마지막까지 미루다가 짧은 시간 내에 후딱 해버리려고 하지는 않는가?

멀티태스킹: 옆에 스마트폰 등을 놓고 중간중간 SNS를 하거나 메시지를 확인하는 등 집중력을 흐트러뜨리는 행동을 하지 않는가?

수면부족: 수면은 집중력과 기억력 강화에 매우 중요한 요소다. 너무 늦게까지 과제 등을 하면서 잠이 부족하다면 정작 학습 능

률이 오르지 않을 수 있다.

수동적 학습방법: 학습자의 학습 목표가 없으며 학습에 관한 관여도가 낮은 상태에서 단순하게 반복되는 정보를 수용하는 행동. 예를 들면 눈으로 교재나 학습지를 훑어보고 강의를 흘려듣는 것으로 공부한다고 하는 태도를 말한다.

필자가 학생들을 가르치면서 공부 효율이 떨어지는 요인으로 가장 많이 발견하는 것은 '수동적 학습방법'이다. 학습에서 수동적인 태도를 취하면 좋은 결과가 있기 힘든데, 왜냐하면 우리 뇌는 잊어버리려고 필사적으로 노력하는 인체기관이기 때문이다.

미국의 싸인 닷컴(sign.com)에서 20세에서 70세 사이 미국인들에게 일상생활에서 매일 마주치는 글로벌 기업 10개의 로고(애플, 아디다스 등)를 보여주고 짧은 시간이 지난 후 로고를 보지 않고 흰 종이에 그것을 정확하게 그려달라고 하는 실험을 했다. 결과는 성공률이 매우 낮았다는 것이다. 로고 중에 최고로 단순하다고 할 수 있는 애플사의 사과 로고조차 참가자의 20퍼센트 정도만이 정확하게 그렸다.

우리 뇌 속 메모리는 정보를 기억했다가 정확하게 정보를 전송하는 것이 목표가 아니라, 뇌가 판단하기에 가치 있는 정보만을 보유함으로써 우리 두뇌가 최적화되고 지혜로운 의사결정을 내릴 수 있게 한다. 중요하다고 판단하지 않은 나머지 정보는 잊으려고 최선을 다하기 때문에 우리는 망각을 통해 정신 건강을 유지할 수 있는 것이다. 하지만 그만큼 학습을 할 때에는 적극적인 학습방법으로 접근하지 않으면 배운 내용을 자기 것으로 만드는 일이 불가능하다.

학습자를 몰입하게 하고 기억을 오래하게 만드는 효과적인 학습방법에는 다음과 같은 것들이 있다.

1. 요약필기, 메모

교재를 읽거나 강의를 보거나 할 때 학습자 자신의 말로 정보를 요약하여 적는다. 그냥 받아 적는 게 아니라 **자신의 언어로 적어야 효과가 있다.** 중간중간 멈춰서 "여기서 말하고자 하는 요점이 무엇인가?" 다시 확인해본다. 주요 개념을 도표, 다이어그램, 그림 등으로 그려보면서 '시각화'해보는 것도 아주 좋은 방법이다. 적고 나면 다시 한 번 소리내어 읽어보면서 자기 말로 다시 표현해보려고 한다.

2. 새로운 정보를 사전 지식에 연결하는 것

새로 배운 내용을 이미 알고 있거나 배운 내용과 연결시켜보려고 계속 노력하면 학습한 내용을 훨씬 오래 기억할 수 있다.

3. 연상력 - 적극적으로 상기해보는 노력

필기한 노트나 공부한 교재 페이지를 펴놓고 눈을 감고 떠올려 보거나, 적었던 내용을 다시 기억해내려는 활동은 학습 능률을 배로 늘려준다.

4. 셀프 퀴즈 연습

학습하는 동안 자신이 과외교사나 선생님이라고 생각하고 문제를 내고 풀어봄으로써 스스로의 이해도를 확실히 알 수 있다.

5. 다른 친구에게 배운 내용 가르쳐보기

주변 친구들에게 공부한 내용이나 개념을 설명해줄 기회를 갖는 것은 기억력을 높이는 데 도움이 된다. 친구가 여의치 않다면 가족에게 가르쳐볼 수도 있다.

6. 전략적인 액티브 리딩

교재를 읽을 때도 강조 표시, 밑줄 표시 등을 하며 적극적으로 참여해보려는 것이 읽은 내용을 기억하는 데 도움이 된다.

이러한 학습 습관, 방법은 단번에 생길 수 있는 것은 아니고 당연히 시간이 걸린다. 또한 부모님은 학습 코치나 교사가 아니기 때문에 아이 학습을 전적으로 통제하는 건 불가능하고 그래서도 안 된다. 다만 다음과 같이 일상 대화 중 아이에게 힌트를 줄 수는 있다.

"○○아, 예를 들어 물의 순환에 대해 배운다면 수업시간 동안 증발, 응결 그리고 강수와 같은 주요 개념들을 필기하겠지? 그러면 배운 내용을 너 자신의 언어로 적어보고 말해보는 거야. '물 순환은 바다에서 물이 증발해 수증기가 되어 구름이 되고 구름은 비를 내려 다시 물이 땅을 적시는 것', 이런 식으로 자기말로 풀어서 설명해보고 적거나 그림으로 그려보면 공부한 내용을 완전히 자기 지식으로 만들고 좀 더 오래 기억할 수 있어. 다른 내용을 공부할 때도 이런 과정을 적용하는 것이 좋아."

이렇게 부모는 아이가 내용을 눈으로 보았다고 해서 공부를 끝냈다고 생각하지 않도록 도와줄 수 있다. 또한 태블릿 등으로 인강을 들을 때 자꾸 집중력이 흐트러진다면 창문을 열어 신선한 공기가 들어오게 하고, 중간중간 스트레칭으로 주의를 환기시키도록 환경을 조성해줄 수도 있다.

아이를 힘들게 하는
근거 없는 기대감과 불안감

앞서 언급했듯 교실에는 자신은 다 배우고 왔다고 생각하는 아이들이 앉아 있지만, 실상 아이들의 지식은 손가락 사이로 빠져나간 모래알과 같고 손에 쥐고 있는 건 별로 없다. 따라서 우리 아이가 혹시나 하다 보면 어느 날 갑자기 빠른 선행을 따라갈 수도 있지 않을까 하는 근거 없는 기대감과, 남이 하는데 안 하면 큰일나지 않을까 하는 불안감으로 무리한 선행을 강요하는 건 긁어 부스럼일 뿐이다.

객관적으로 생각해보자. 현행학습 완성도가 좋은 상태에서 심화학습까지 충분히 하면서 여기에 한 학기 정도 앞선 선행학습을 더하는 것은 평범한 학생들에겐 만만치 않은 일이다. 물론 제대로 현행학습에 더한 심화학습을 하고 있다면, 심지어 초등학교 수학도 고등학교 수학내용과 다 맞닿아 있기 때문에 시간을 버리는 일은 아니다. 하지만 무리한 선행으로 최상위권 학생들의 로드맵을 모두가 따라 할 필요가 없는 것이다.

내 아이가 왜 최상위권이 아닌가? 왜 공부 영재가 아닌가? 이런 한탄을 하는 것은 무의미하다.

아프리카 케냐의 고산지대에서 자라난 마라톤 선수들은 해발 2천 미터 이상의 높은 고도에 적응한 뛰어난 폐활량을 자랑한다고 한다. 하지만 스포츠 과학자들이 말하는 케냐 선수들의 가장 큰 장점은, 키에 비해 체중이 적게 나가고 다리는 더 길며, 몸통은 짧은데 팔다리는 더 가는 유전적인 신체구조다. 한마디로 몸무게가 적게 나가고 팔다리가 길기 때문에 오래 뛸 수 있고 앞서 달릴 수 있는 것이다. 이런 선천적인 재능을 지닌 선수들과 평범한 아이들을 비교하며 "너는 왜 저렇게 오래 못 달리니? 빨리 못 뛰니?"라고 채근하고 혼내는 부모는 아무도 없다. 재능의 영역이기 때문이다. 빨리 달리는 재능은 없더라도 아이마다 누구나 다 좋아하는 것과 강점이 있기 마련이다.

공부 재능도 여러 재능 중 하나일 뿐이다. 선천적으로 이 재능이 있는 아이들과 비교하면서 왜 저 아이들처럼 쭉쭉 진도 나가는 선행학습을 소화하지 못하느냐는 것은 신체구조를 타고난 마라토너 이야기와 다를 바 없다. 결국은 아이와 부모의 마음을 갉아먹는 일이 될 뿐이다.

마라톤 선수들의 신체 재능처럼 공부 재능도 하나의 재능일 뿐이다.

모든 문제는 내 아이가 매사에 꼭 남보다 뛰어나야 한다고 하는 데서 생긴다. 하지만 내 아이는 그냥 '있는 그대로' 누구와도 같지 않은, 우리 아이라는 사실 하나만으로 충분히 특별하다.

선행학습을 할 때는 자기주도 학습 시간을 확보하는 것이 반드시 필요하다. 따라서 전문가들은 선행학습 시 되도록 2과목을 초과하지 않도록 권한다. 다른 학생들의 선행학습 속도와 비교하는 것은 전혀 도움이 되지 않으므로 피해야 한다.

성적이
다가 아니야,
넓게 보고 가도
괜찮아!

"21세기의 교사들이 가장 지양해야 할 교육은
학생들에게 더 많은 정보를 쌓으라고 하는 것이다.
모든 것이 불확실할 미래에 가장 중요한 것은
넘쳐나는 정보 중에 중요하지 않은 것과 중요한 것을
구분할 수 있는 능력, 그 정보들을 조합해
세상에 관한 큰 그림을 그릴 수 있는 것이다."
_ 유발 하라리 『21세기를 위한 21가지 제언』 중

3부

6장

급변하는
사회와
새로운 인재상

직업 패러다임 변화,
세상은 달라지고 있다

　부모들은 자녀가 성인이 되어 좋은 직업을 가지고 풍요로운 생활을 했으면 하는 마음에 공부를 시키고 학원도 여러 군데 보내는 거라고 말한다. 그러면 보통 부모님들이 말씀하시는 전통적인 좋은 직업, 편한 직업에 골인하는 학생들은 어느 정도나 될까? 아마 교실 안에 30명 정도 되는 학생들이 있다면 그 중에서 매우 소수일 것이다. 그러면 나머지 학생은 이미 잘못된 것인가? 그렇지 않다. 좋은 직업, 좋은 직장에 대한 정의는 빠르게 변하고 있기 때문이다.

　하루가 다르게 교과서에서 보지 못한 직업이 탄생하고 있고, 사람들은 점점 더 다양한 방법으로 경제소득을 올리고 있다. 부모 세대 관점으로 좋은 직업과 그렇지 못한 직업을 나누어서는 안 되

블라인드 채용의 종류

채용 단계	유형	주요 내용
서류전형	무서류전형	채용절차 진행을 위한 최소 인적사항(이름, 연락처 등)만 포함한 입사지원서를 접수하고 평가를 진행하지 않는 방식
	블라인드 지원서	입사지원서와 자기소개서에서 불합리한 차별을 유발할 수 있는 항목(출신지, 가족 관계, 사진, 성별, 연령, 학력, 출신학교 등)을 요구하지 않고 직무관련 사항만으로 평가하는 방식
면접전형	블라인드 면접	면접위원에게 입사지원서, 자기소개서 등 일체의 사전자료를 제공하지 않거나, 사전자료를 제공하되 불합리한 차별을 유발할 수 있는 항목을 포함하지 않는 방식 ※ 면접 도중에도 차별을 유발할 수 있는 개인 신상 등을 질문하지 않아야 함
	블라인드 오디션	일체의 사전자료나 정보 없이 오디션 방식으로 지원자의 재능을 자유롭게 보여주도록 하고, 평가자는 그 과정을 관찰하여 직무능력을 평가하는 방식

는 이유다.

새로운 세대가 취업 시장에 진입하면서 채용 동향에도 많은 변화의 바람이 불고 있다. 대표적으로 블라인드 채용이 있다. 블라인드 채용이란 고용과정에서 편견이 개입되어 불합리한 차별을 야기할 수 있는 출신지, 가족관계, 학력, 신체조건 등의 편견 요인은 제외하고 실력(직무능력)만을 평가하여 인재를 채용하는 방식을 말한다.

이력서에는 대학, 학점, 지역을 기재하는 난이 없으며, 면접에서 이를 언급하는 경우 불이익이 있게 된다. 현재 전국 모든 공기업이 블라인드 채용을 하고 있으며, 이것은 대기업, 금융권을 중심으로 빠르게 확산되는 추세다. 특히 IT 기업들 중심으로 지원서류 맨 앞장에는 이름, 전화번호, 원하는 부서 정도만을 기입하는 정도로 그 양식이 달라지고 있다.

채용방법 변화와 더불어 기존의 직업 패러다임에서 사용되던 평생직장이라는 말은 이제 무색해졌다. 지금 생겨나고 있는 직업들의 대부분은 20여 년 전에는 존재하지 않았던 직업이며, 현시점에서 초등학교에 입학하는 학생의 65%는 현시점에는 존재하지 않는 직업에 종사하게 될 것이라는 학자들 의견도 있다.

전문가들은 미래 직업에 대해 다음과 같이 이야기하고 있다.

1. 한 사람이 하나의 직업으로 평생 일한다는 개념 자체가 사라진다

세상의 변화 속도는 지금의 교육방식으로 따라갈 수가 없다. 아무리 훌륭한 대학을 졸업했다 하더라도 4년 동안 배운 지식으로 계속 바뀌는 직업을 감당하기란 불가능하다. **좋은 학벌보다는 변화하는 사회에 얼마나 발맞추어 적응할 수 있는가 하는 개인 역량이 더 중요해질 것이다.**

2. 직장은 출퇴근하는 곳이라는 공식은 이미 깨지고 있다

코로나19 팬데믹 기간을 거치면서 주 5일 출근하지 않고 그중 며칠은 재택근무 형태로 근무하는 '하이브리드'형 근무 형태가 늘어나고 있다. 이것은 세계 주요 도시들의 주거비용 상승으로 인해 젊은 직장인들이 도심 내에 주거를 마련하는 것이 여의치 않아 외곽으로 이동하면서 출퇴근 시간과 비용이 상승하는 것과도 관련이 있다. 재택근무는 설사 집이 회사에서 좀 더 멀어진다 해도 영향을 받지 않기 때문이다.

또 하나는 디지털 노마드족의 탄생이다. 디지털 노마드는 '디지털 장비를 통해 출퇴근으로부터 벗어나 시간적 자유를 누리며 일하는 사람들'을 뜻하며, 웹툰작가, 앱 개발자, 플랫폼 서비스 관리자, 유튜브 크리에이터 등이 이에 해당한다.

이런 직업 패러다임 변화와 함께 전 세계 취업시장에 큰 영향을 주는 요소가 바로 인구변화, 특히 청년층과 노년층 인구 비율 변화다.

'워킹 홀리데이 나이 제한 50세 상향 검토' 뉴스의 의미

유엔(UN)은 2022년 7월 발표한 세계 인구 전망 보고서에서 "2020년 세계 인구 성장률이 1950년 이후 처음으로 1% 미만으로 떨어졌다"며 "노년층 비율이 2022년 10%에서 2050년 16%로 증가할 것"이라고 내다봤다.

기사에 따르면, 세계 경제의 40% 이상을 차지하는 미국과 중국도 고령화 그늘에서 자유롭지 못하다. 미국은 만 65세 이상 인구가 2021년 5400만 명에서 2030년 7400만 명으로 증가하고, 2040년에는 초고령사회(고령자 비율 20% 이상)에 진입할 전망이다. 지나 러몬도 미 상무장관은 "고령화 문제가 벽돌 더미처럼 미국을 강타할 것"이라고 했다.

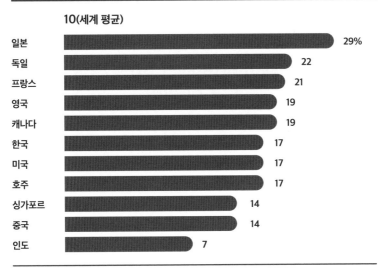

주요국 고령화율 현황 (2021년 기준)

10(세계 평균)

국가	비율
일본	29%
독일	22
프랑스	21
영국	19
캐나다	19
한국	17
미국	17
호주	17
싱가포르	14
중국	14
인도	7

출처: 조선일보 기사

　얼마 전에는 호주 정부가 인력난을 해결하기 위해 워킹 홀리데이 비자 나이 제한을 50세로 상향하는 것을 검토하고 있다는 뉴스가 나왔다. 일할 젊은이가 모자란다는 것은 비단 호주만이 겪고 있는 문제가 아닐 것이다. 일론 머스크 테슬라 CEO(최고경영자)는 "저출산에 따른 세계 인구 붕괴는 인류 문명에 지구 온난화보다 훨씬 큰 위험 요소"라고 주장했다. 한마디로 경제활동을 할 만한 20~30대 젊은이 수가 가파르게 줄어들고 있다는 것이다. 수요는 많은데 공급이 그에 미치지 못하는 것이다.

　이것은 무얼 의미하는가? 우리가 우리 자녀들을 몸과 마음이

건강하고 제 역할을 할 만한 사람으로 키워 사회에 내보낸다면 아이들이 어떻게 먹고살지에 대해서는 그렇게 걱정하지 않아도 된다는 것이다. 주변에 지역 비즈니스 목적으로 직원을 고용해야 하는 위치에 있는 분들이 하는 말씀도 맥락을 같이한다. 점점 더 일할 사람을 찾는 것이 어려워진다고 한다. 특히 나이가 어린 신입의 경우 더 그렇다.

푸르른 청춘들과 만나고 부대끼는 일을 하는 교사들이 좋아하는 시가 있는데(물론 나도 그중 하나다), 정현종 시인의 시 〈방문객〉의 한 구절을 소개해본다.

사람이 온다는 건
실은 어마어마한 일이다.
그는
그의 과거와
현재와
그리고
그의 미래와 함께 오기 때문이다.

이렇듯 한 사람 한 사람이 가진 가치는 측정할 수 없도록 크고, 그중에서도 우리의 소중한 자녀들은 희소성의 가치까지 지녔다. 한 명 한 명의 가치와 젊음의 소중함은 황금과도 같다. 더 이상 사회 통념에 우리 자녀들을 억지로 끼워 맞춰 한 줄 세우기와 등급 나누기에 전력을 다해야 한다고 다그치며 을이 되기를 자처할 이유가 없다. 이 소중한 청춘들의 부모들은 스스로를 을이 아니라 교육 소비자로서의 권력을 가진 존재임을 자각해야 한다. 그래서 사회가 여전히 아이들에게 성과 없는 경쟁만을 강요한다면 그것의 부당함을 알리고 바꾸려는 노력을 해야 할 것이다.

미래학자들 조언에서 얻는
자녀교육 인사이트

요즘 교육계의 화두는 단연 미래 교육, 4차 혁명 시대에서의 교육의 역할이다.

4차 산업혁명이란 인공지능(AI)/ 사물인터넷과 빅데이터/ 로봇기술/ 가상현실(VR)/ 정보통신기술(Information and Communication Tech=ICT)의 융합으로 이루어진 차세대 산업혁명을 말한다. 키워드는 자동화와 정보화다.

많은 미래학자들은 다가오는 4차 산업혁명 시대에는 기계가 사람들이 하던 일들을 상당수 대체하게 될 것이라고 한다. 인간이 인공지능과 경쟁해야 한다는 것이다. 여기서 경쟁력을 갖추기 위한 핵심 역량으로 비판적 사고능력, 창의성, 의사소통능력, 협업능력을 꼽았다.

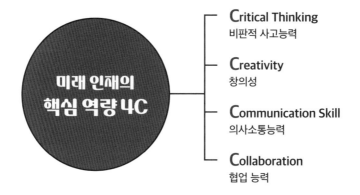

4차 산업혁명 시대에 필요한 핵심역량

미래 인재의
핵심 역량 4C

Critical Thinking
비판적 사고능력

Creativity
창의성

Communication Skill
의사소통능력

Collaboration
협업 능력

2016년 발표된 세계경제포럼의 '일자리의 미래' 보고서에서는 현존하는 많은 직업들이 사라질 것이며, 2016년 현재 세계에서 초등학교에 입학하는 7세 어린이의 65%는 성인이 되었을 때 새로 탄생한 미래 직업에 종사하게 될 것이라는 다소 충격적인 전망을 내놓았다. 미래학자들은 앞으로 사라지지 않을 직업들의 특징은 창의성과 공감능력을 요구하는 직업일 것이라고 예측했다.

창의성은 상상력, 혁신, 독창적인 아이디어를 내는 능력을 포함하는 독특한 인간의 자질이기 때문에 인공지능이 창의성이 필요한 직업을 완전히 대체하는 건 불가능하다. 인공지능은 패턴 인식 및 최적화가 필요한 작업을 수행하겠지만, 인간 감정과 행동에 영향을 줄 만한 것을 상상하고 새로운 것을 창조해내는 데는 한계가 있다.

공감능력도 마찬가지다. 인공지능은 많은 분야에서 발전했지만, 다른 사람들의 감정과 경험을 이해하고 자신과 연관시키는 공감능력을 가지기는 어려울 것이다.

전문가들이 뽑은 미래에 사라지지 않을 직업들 예	
창의력이 필요한 직업들	공감이 필요한 직업들
셰프(요리사)	사회복지사
게임 시나리오 작가	유치원, 초등 교사
광고 크리에이티브 디렉터	호스피스, 간호사
배우, 가수 등 연예인	심리전문가, 상담가
방송 촬영 감독	성직자

전문가들이 뽑은 미래에 사라지지 않을 직업들 중에서 먼저 창의력이 필요한 직업들을 보자.

⊘ 요리사

요리는 과학과 예술의 혼합의 정수라고 말할 수 있다. 인공지능은 기본적인 요리법을 만들거나 맛 조합을 제안하는 데 사용될 수 있지만, 새로운 요리를 창조하고, 맛과 질감을 실험하고, 심미적으로 아름다운 요리를 제공하기 위해서는 인간의 뛰어난 직관, 열정, 창의력이 필요하다.

⊘ 게임 시나리오 작가

게임 시나리오 작가는 게임기획안을 바탕으로 스토리보드 및 콘티 작성, 캐릭터 설정, 주제 설정, 소재 탐구, 자사 게임을 돋보이게 할 수 있는 매력 포인트 등을 연구한다. 이 일을 하기 위해서는 독자들에게 반향을 일으키는 흥미로운 캐릭터 설정과 이야기, 등장인물을 창조해낼 창의력이 필요하다.

⊘ 광고 크리에이티브 디렉터

인공지능은 데이터를 분석하고 광고 타깃을 최적화하는 데는 도움을 줄 것이다. 하지만 광고는 소비자의 관심과 상상력을 사로잡는 매력적이고 효과적인 마케팅 캠페인을 만들어야 하고, 성공적인 광고 캠페인을 개발하는 데는 창의성과 전략적 사고가 필요하다. 크리에이티브 디렉터는 광고 캠페인의 전반적인 정체성, 메시지를 정하고 메이킹 전 과정을 오케스트라 지휘자처럼 조율하고 총괄하는 역할을 한다. 소비자에게 매력적인 광고를 만드는 동시에 광고주의 마음도 사로잡아야 하는데, 그러기 위해서는 인간의 심리와 행동을 이해해야 한다. 그래야 소비자에게 반향을 일으키는 효과적인 메시지를 전달할 수 있는 것이다.

⊘ 배우, 가수 등 연예인

상대 아티스트의 감정적 깊이와 뉘앙스를 알아채야 하며 즉흥성과 협업능력을 동시에 갖추어야 하는 연예인은 인간의 뛰어난 직관, 창의력, 매력이 필요한 직업이다.

또한 인공지능은 많은 분야에서 발전했지만, 여전히 인간의 감정과 경험을 진정으로 이해하고 공감할 수 있는 능력은 부족하다. 공감은 다른 사람들의 감정과 경험을 이해하고 연관시키는 능력을 말하는데, 공감력이 필요한 직업들은 미래에도 굳건히 살아남을 것이다.

⊘ 심리전문가 및 상담가

심리전문가는 피상담자의 감정, 행동, 그리고 동기를 이해하고 그들이 문제를 해결하고 대처하는 능력을 발전시키도록 돕는다. 인공지능이 데이터 분석 같은 일부 작업을 지원할 수는 있지만 심리전문가의 인간적인 손길과 관계 맺기 공감능력은 대체할 수 없다.

⊘ 사회복지사

사회복지사는 경제적 어려움, 학대, 그리고 중독 등의 상황에 처한 이들을 돕는 일을 한다. 어려움에 처한 이들에게 감정적인 지원, 상담과 도움을 제공하는 사회복지사에게는 상대방의 감정과 경험을 이해하고 공감할 수 있는 인간만의 능력이 필요하다.

⊘ 유치원, 초등 교사

교사는 아이들의 성장을 위해 아이와 함께 걸어가는 중요한 역할을 한다. 인공지능은 과제 채점과 개인 맞춤형 학습 제공 등 보조자 역할을 할 수는 있지만, 학생들과 교감하고 필요할 때 알맞은 정서적 지원을 해야 하는 교사들은 미래에도 여전히 필요할 것이다.

⊘ 호스피스, 간호사 등 의료 종사자

앞으로 인공지능은 의료 진단과 치료를 돕는 역할을 할 것이다. 하지만 죽음을 앞둔 환자가 평안한 임종을 맞도록 위안과 안락을 베푸는 호스피스, 환자를 돌보는 간호사들은 대체하기 힘들다. 이 일에는 환자들의 두려움과 걱정을 이해하고 그들에게 필요한 감정적인 지원을 제공할 수 있는 공감능력이 필수이기 때문이다.

전문가들이 사라지는 직업들이 많을 것이라는 예언만큼 또 새로 등장하는 직업들도 많을 것이다. 한국고용정보연구원과 워크넷(work.go.kr)에서는 가까운 미래 유망 직업과 이 직업에 필요한 공부내용을 수시로 업데이트하고 있는데 그중 몇 가지를 소개해보겠다.

✅ 인공지능을 관리하는 윤리학자, 법 집행관

인공지능은 많은 산업에 혁명을 일으키고 우리 삶을 개선할 수 있는 잠재력을 가지고 있지만, 인공지능을 올바르게 사용하지 않는다면 그것은 개인 사생활 침해, 정보 오용, 인권침해 등 많은 문제와 윤리적 이슈를 불러올 것이다. 또한 데이터 침해에서 더 나아가 알고리즘 편향, 자율 무기 생성에 이르기까지 인류 생존에 치명적인 문제를 야기할 수도 있다.

따라서 이런 인공지능을 제어하고 위험을 식별하고 완화할 수 있는 전문가가 필요하다. 더불어 인간의 윤리에 반하는 기능이 인공지능 시스템에 포함되었는지, 인공지능의 판매 및 사용목적이 윤리적 기준에 반하는지 등을 살피고 인공지능의 설계, 제조, 판매, 사용 등에서 윤리적 기준을 세우고 적용할 전문가도 필요하다.

✅ 스마트팜 전문가

스마트팜은 농사기술에 다양한 첨단 과학 기술을 적용하여 농업환경 데이터를 수집하고 모바일 기기로 농사 환경을 제어·관리하는 지능형 농장으로, 스마트팜 전문가는 스마트팜 관련 기술과 장비를 개발하고 설치하며 농업인들에게 컨설팅과 교육을 실시

한다.

스마트팜 전문가에게는 농업에 대한 흥미와 이해가 필요하며, 스마트팜 전문가가 되길 원한다면 기계·전기, 데이터 분석 능력과 정보통신기술에 관한 전문지식을 쌓아야 한다. 기후위기로 식량 부족이 염려되는 미래에 스마트팜 전문가의 역할은 무궁무진하다.

현재 정부는 스마트팜이 우리나라 농업 경쟁력을 높일 수 있는 효과적인 방안이라 보고, 자금 지원, 컨설팅, 기술 개발 등의 지원을 아끼지 않고 있다. 농촌진흥청 농업 기술원에서 스마트팜 인력 양성 프로그램도 운영하고 있다. 관련 직업으로는 스마트팜 운영자, 스마트팜 엔지니어, 시설작물재배관리자, 정밀농업기술자 등이 있다.

⊘ 빅데이터 전문가

'빅데이터'란 인터넷이나 SNS, 스마트폰에 저장된 모든 데이터를 포함하여 세상에 존재하는 모든 정보를 의미한다. 빅데이터 전문가는 매일 생성되는 수많은 데이터를 분석하여 우리 생활에 유용하고 가치 있는 정보로 변환하여 제공하는 역할을 한다.

예를 들면 최근 서울시는 자정 이후 가장 붐비는 택시노선에 관한 빅데이터를 분석하여 심야버스 노선을 배치함으로써 시민들로부터 큰 호응을 얻었다. 또한 모바일 쇼핑몰을 운영한다면 요즘

수요층이 즐겨 찾는 키워드는 무엇이고, 고객이 어느 사이트에서 얼마나 머무는지, 실제 구매할 때 가격과 상품 평가 중 어떤 요인이 영향을 미치는지 등을 빅데이터를 통해 분석해야 한다. 분석하는 과정을 살펴보면 다음과 같다.

기획안 작성

프로그램을 짠 뒤 통계적으로 분석하는 작업을 거친다.

대용량 데이터를 처리하는 플랫폼을 통해 빅데이터를 처리한다.

처리한 결과물을 도표나 차트로 시각화하고 분석한다.

빅데이터 전문가가 되려면 통계학, 컴퓨터공학의 기술적인 자질을 갖추는 것에 더하여 최신유행과 트렌드에 민감하고 세계 각 기업이나 분야별 시장동향을 수시로 파악할 수 있어야 한다. 그러기 위해서는 시장 흐름을 보는 눈과 마케팅 경험을 갖추어야 한다.

정부는 대학원, IT연구센터(ITRC), 고용계약형 석사과정 등에서 빅데이터 융합·분석 전문인력을 양성할 계획이며, 현 직장 재직자 대상으로는 빅데이터 아카데미를 통해 실무전문가를 양성

하고, 빅데이터분석 활용센터와 대학(원)을 연계해 잠재인력 양성을 확대할 계획이다.

　위와 같은 미래학자들의 조언과 예측에서 우리 부모들은 특별한 인사이트를 얻을 수 있다. 21세기는 융합과 통섭(서로 다른 것을 묶어 새로운 것을 잡는다는 뜻) 시대가 될 것이라는 이야기처럼 앞으로 탄생하는 유망 직업들은 기계와 컴퓨터에만 능통하다고 수행할 수 있는 게 아니라는 것이다. **인공지능과 공생하고 이를 관리하는 역할을 다하기 위해서는 기술적인 자질뿐만 아니라 깊은 통찰력에서 나오는 판단 능력이 필요하다.**

인공지능으로 야기되는 윤리적 법적 이슈를 해결할 지혜도 필요하다.

통찰력의 사전적 의미는 예리한 관찰력으로 사물을 꿰뚫어본다는 것으로, 이는 타고나는 것이 아니라 길러지는 것이다. 이를 얻기 위해서는 경험을 쌓는 것이 필요하고, 사물이나 현상을 볼 때 다양한 관점에서 바라보면서 호기심을 가져야 한다. 그만큼 우리 아이들에게는 책상 앞에만 앉아 있는 것이 아닌 다양한 경험이 필요하고, 직접 경험에는 한계가 있기에 책을 통한 간접 경험도 필요하다. 경험을 했다면 아이와 함께 생각을 나누는 질문과 대화를 통해 '왜 그런지', '어떻게 그런지' 스스로 생각해보도록 이끌어 준다.

인공지능으로 인해 많은 직업이 사라지겠지만, 또 인공지능과 관련된 많은 직업이 새로 탄생할 것이다. 우리에겐 이로 인해 야기될 윤리적 법적 이슈를 해결할 지혜도 필요할 것이다.

기업과 사회가 원하는 인재의 블루오션 영역 – 인성영재

페이스북 창업자이자 대학에서 심리학과 컴퓨터공학을 전공한 **마크 저커버그**는 4차 산업혁명으로 인해 사라지는 직업들이 많겠지만, **"더 많은 사람 냄새 나는 직업들이 우리를 맞이할 것"**이라고 말했다. 저커버그의 말처럼 앞으로 우리가 기계와 경쟁해야 한다면 기계가 할 수 없는 일, 기계와 차별화될 수 있는 인간만의 고유 영역에 초점을 맞추는 것이 현명한 일일 것이다. 요즘 들어 인간에 대한 사유와 통찰력을 키우는 인문학과, 창의성과 재미를 화두로 한 감성교육이 대세로 떠오르는 이유다.

전문가들이 선정한 미래 핵심역량 중 가장 중요한 요소로 뽑힌 협업 능력도 기계와 차별화되는 인간의 고유 영역이다. 사람들이 서로 머리를 맞대고 생각을 나누는 협업, 미래사회의 지식 정도는 한 명의 뛰어난 리더가 장악할 수 있는 깊이와 양을 넘어서기 때문에 협업 없이는 불가능하다. 이 협업을 위해서는 의사소통이 원활하며 다른 사람을 존중하고 마음을 헤아리며 배려할 수 있는 사람이 꼭 필요하다.

이러한 필요에 발맞추어 요즘의 학교 현장에서는 강의식 교육을 점점 지양하려 하고 있다. 대신 거꾸로 수업, 배움공동체 참여형 수업, 모둠별 토의 토론 수업과 같은 다양한 협업 수업을 도입하고 있다. 현실이 이렇다 보니 아이들이 다른 사람들과 함께 소통하고 일하는 법을 가장 잘 습득하고 훈련할 수 있는 곳도 학교다. 학교에서 아이들이 얻는 기쁨은 어른들이 생각하듯 성적에서오는 것이 아니다. 바로 '관계'에서 온다.

교실에서 학생들을 데리고 모둠활동을 하거나 전체 토의를 할때 관찰해보면 교사의 백 마디 말보다 친구의 모범사례가 주는 영향이 훨씬 크다. 교사 혼자 지시하고 훈계하는 것보다 또래가 솔선수범하는 것이 훨씬 빠르게 학생들의 주의를 이끌고 원하던 목표행동을 이끌어낼 수 있다. 사실 편안하고 나를 존중하며 이해해줄 것 같은 친구를 발견하고 사귀는 것은 아이들의 가장 큰 기쁨이다. 그런 학생들이 교실에서도 인기가 많고 결국 사회인이 되어서도 환영받는다.

기억나는 제자 중 세영(가명)이가 있다. 학교 특색사업으로 영어시간에 영어 소설 읽기를 진행할 때였다. 학교에서는 제한된 권

수 책만 소장하기 때문에 반에서 수업을 하고 나면 책을 걷어 다음 반에서 책을 배부하고 수업을 하곤 했다. 그래서 반을 이동할 때는 이동식 카트에 책을 담아 옮겼다. 책을 수십 권씩 나누어 주고 걷는 게 손이 많이 가는 일이어서 학생들이 함께 해주었는데, 세영이는 언제나 카트에 책등이 바깥을 바라보게 나란히 정리하곤 했다. 괜찮다고 하면 "안쪽이 바깥으로 나가게 카트에 실으면 선생님 손이 베일 수도 있고, 애들도 집다가 다칠 수 있다"고 하며 때로는 혼자서, 때로는 친구들과 소설책 40권을 매번 책등이 밖으로 오도록 가지런히 정리해주었다.

타인의 필요에 관심을 가지고 배려하는 세영이의 인성은 항상 눈에 띄었는데, 아무렇게나 가방을 걸어두어 내용물이 다 튀어나온 아이들의 가방지퍼를 슬쩍 닫아주기도 하고, 책상 줄이 안 맞아 맨 뒤에 앉은 학생이 지나다니는 아이들의 통로를 방해할 정도가 되면 책상 줄을 앞으로 이동하자고 제안해서 불편함을 해결해주기도 했다. 모둠 활동을 할 때면 아이들이 하기 싫어하는 내용정리 등을 맡아 해서, 발표자가 더 정돈된 발표를 할 수 있도록 돕기도 했다. 아이들도 이런 세영이를 신뢰하고 친해지고 싶어 했다.

세영이와 함께 잊지 못하는 학생 중에는 민준이도 있다. 자기 자리 아래 있는 휴지를 주우라고 할까봐 슬쩍 남의 자리로 보내버리는 밉상 친구의 휴지를 대신 처리해주며, 따끔한 한마디 하는 건 잊지 않는 민준이는 친구를 도와주는 이타적인 성품에 자존감

높은 멋진 학생이었다.

한번은 민준이가 학교 근처에서 어린아이가 놓고 간 분실물을 찾아주었는데, 그 아이 어머니께서 학교로 "요즘도 이렇게 훌륭한 학생이 있느냐"며 칭찬 전화를 주셨다. 아이가 분실물을 되찾으러 정신없이 갔을 때 어머니는 아이를 바로 따라 갈 수 없는 상황이었다고 한다. 그리고 뒤늦게 나가보신 어머니가 분실물을 찾아준 민준이가 아이 어머니가 놀이터에 오실 때까지 함께 놀아주며 있는 것을 보고 감동해서 전화를 하신 것이었다. 외부에서 걸려오는 전화라고는 주로 신고 전화가 대부분인데 이것은 기분 좋은 전화라서 아직까지 기억이 난다.

하나를 보면 열을 안다고 했던가, 지금 대학생과 사회인이 된 세영이와 민준이는 자신의 능력을 자신만이 아닌 타인을 위해 쓸 수 있는 사람으로 발전해 꿈꾸던 분야에서 열심히 성장하고 있는 중이다. 자신들의 강점인 타인을 배려하는 공감능력과 의사소통, 협업능력을 유감없이 발휘하고 있는 것이다. 세영이와 민준이 같은 인성이 훌륭한 학생을 인성영재라고 불러도 무방할 것이다.

지금 학교, 기업, 사회 등 모든 분야에서 가장 절실히 찾는 영재가 바로 이 인성영재들이다. 부모님들이 자녀를 위해 그렇게 애타게 찾고 있는, 인재의 블루오션 영역이다.

사회 각 분야에서 인성영재를 원한다는 예시의 하나가 바로 엔터테인먼트 산업 분야다. K-컬처 유행과 아이돌 문화로 인해 어린 나이에 연예계에 데뷔하는 학생들이 점점 많아지고 있다. 가르쳤던 제자들이 어느 날 TV 화면에 등장하는 모습은 신기하기도 하고 기특하기도 하다.

요즘 대형 연예 기획사에서는 연습생을 뽑을 때 학교 생활기록부 사본을 필수로 요구한다는 이야기를 들어보았을 것이다. 동료 교사들과 연예계 데뷔한 제자들의 학창 시절 이야기로 꽃을 피우다 보면, 그 아이들은 대개 바쁜 연습 일정과 촬영 일정으로 학습 성적은 부족하더라도 학교에 있을 때만큼은 선생님들에게 예의 바르고 친구들과도 원만한 관계를 유지했던 아이들이라는 사실을 알게 된다. 사실 요즘같이 SNS가 발달한 투명사회에서는 인성 나쁜 아이가 발붙일 곳이 없다. 흔히 유명인이나 연예인이 과거 행실로 인해 한순간에 명예와 성공을 잃는 것을 목격하고 있지 않는가.

2018년 대한상공회의소에서 국내 100대 기업을 대상으로 '기업이 요구하는 인재상'을 조사한 바 있는데, 당시 많은 이들이 그 결과에 놀라움을 표시했다.

과거와는 달리 전문성을 제치고 소통, 협력이 1위를 차지한 것이다. 소통, 화합은 나약한 특성으로 분류하고 두뇌 좋고 능력 많은 것이 최고라고 여기던 과거 기업들과는 180도 달라진 모습이다.

구글, 아마존, 마이크로소프트 등 글로벌 리더 기업의 인사 담당자들도 인터넷 구직사이트 인터뷰 기사에서 지원자 면접 시 구

100대 기업의 인재상 변화			
구분	2008년	2013년	2018년
1위	창의성	도전정신	소통·협력
2위	전문성	주인의식	전문성
3위	도전정신	전문성	원칙·신뢰

출처: 대한상공회의소

직자의 인성과 친화력을 가장 중점적으로 본다고 답했다. 인성이 좋은 직원은 EQ(감정지능)도 높아 동료들과의 의사소통, 문제해결 능력도 탁월하며 이 과정에서 다른 사람에게 영감을 주고 동기를 부여할 수 있기 때문에 좋은 리더가 될 자질이 충분하다고 본다는 것이다.

이와 더불어 회사에 입사했을 경우 얼마나 팀 스피릿(team spirit)을 해치지 않고 기존 직원들과 조화롭게 일을 해나갈 수 있는가가 합격을 좌우한다. 회사 입장에서는 미꾸라지 한 마리가 물을 흐리게 되는 것을 가장 경계하는 것이다.

그렇다면 이러한 인성영재 양성을 위해 "인성교육이 중요하다는데 인성교육은 어떻게 시키나요?"라는 질문이 생긴다. 일단 대답에 앞서 '인성'이라는 말의 뜻을 생각해볼 필요가 있다. 교육부가 2014년 제정한 인성교육진흥법에 따르면 인성과 인성교육의 정의는 이렇다. "자신의 내면을 바르고 건전하게 가꾸고 타인, 공동체, 자연과 더불어 살아가는 데 필요한 인간다운 성품과 역량을 기르는 것을 목적으로 하는 교육이 인성교육이다."

협업과 의사소통이 더욱 중요해지는 미래사회

학교에서의 인성교육과
가정에서의 인성교육

최근 기사화된 30~40대 젊은 학부모들 대상의 설문조사에 따르면, 상당수 학부모들이 학교폭력과 따돌림 등이 사회에 끼치는 악영향에 대해 충분히 인지하고 있으며, 따라서 학교에서는 성적보다 인성지도와 공동체 생활지도를 해주길 바란다고 했다. 또한 학교가 공동생활을 배우고 창의력과 잠재력을 기르며 숨어 있는 재능을 발견하는 곳이 되기를 바란다고도 답했다.

참으로 바람직한 변화가 아닌가 싶다. 일단 부모가 인성교육의 중요성을 인지하고 있다는 사실만으로도 인성교육은 이미 반은 성공한 것이다.

요즘 학교에서 시행하고 있는 인성교육에는 초등학교의 경우 미덕통장 만들기, 칭찬샤워데이, 친구사랑배지 공모, 존중어 사용,

교육연극 등이 있다. 중등의 경우에는 버츄카드(미덕카드)를 통한 소그룹활동, 애플데이(사과와 함께 평소 친구에게 미안한 일이나 하고 싶은 말을 편지로 나누는 날), 팀워크 놀이교육 등의 활동을 하고 있다.

학교 현장에서는 바쁜 학습지도 가운데 인성교육을 교육 과정에 녹여내려 무척이나 노력하고 있다. 하지만 아무리 학교에서 인성의 중요성을 백날 강조한다 해도 가정에서 인성교육이 이루어지지 않는다면 말짱 헛수고일 것이다.

고려대학교 조벽 교수는 그의 저서『인성이 실력이다』출간 인터뷰에서 "인성도 단순히 그 덕목을 안다고 되는 게 아니라 오래 갈고 닦아야 하기 때문에 능력이고 실력으로 봐야 한다"고 말씀하셨다. 인성은 습관처럼 어릴 때부터 차곡차곡 쌓아가야 한다는 것이다.

밥상머리 교육이라는 말이 있듯 가랑비에 옷 젖듯 끊임없이 부모가 인성교육에 신경쓰고 본이 되어야 자녀의 인성 실력도 늘릴 수 있다. 그런데 이렇게 말하면 "부모도 사람인데 어떻게 그렇게 항상 좋고 완벽합니까?"라고 할지 모른다. 맞는 말이다. 아이에게 항상 좋은 모습, 완벽한 모습만 보이기란 불가능하다.

필자도 아이 양육에 맞닥뜨렸을 때 '완벽한 엄마'가 되어야 한다는 강박 때문에 아이를 키운다는 게 즐겁지만은 않았다. 하지만 마음을 고쳐먹었다. 엄마가 되면서 내가 몰랐던 세상을 만나게 되고, 전에는 미처 생각해보지 않았던 부면에 대해서 통찰력도 가지

게 되었다. 아이를 통해 나도 더 나은 사람이 되어가고 아이와 함께 성장한다고 생각하니 그제서야 숨통이 좀 트이고 자녀를 키우는 과정에서 발생하는 소소한 즐거움과 기쁨에 집중할 수 있었다. 부모로서 본이 되지 않는 행동을 할 수도 있지만, 그러면 잘못을 인정하고 사과하면 된다. 아이들은 잘못을 인정하고 솔직하게 사과하는 부모를 존중하지 실수하지 않는 완벽한 부모를 찾는 게 아니다.

학교 학급에서도 장미 향기를 억지로 막을 수 없듯 인성이 좋은 아이 곁으로 아이들이 모이게 된다. 물론 물정 모르는 저학년 때야 이문열 소설의 주인공인 엄석대같이 군림하려는 아이들이 있기 마련이지만, 아이들이 성장하고 철이 들어가면서 성실하고 배려하는 친구를 자연스럽게 알아보게 된다.

이런 아이들이 있는 학급은 분위기가 온화하고 아이들이 오고 싶은 학교가 된다. 학부모들 요구가 점점 더 다양해지는 요즘, 단체생활에서 본인의 자녀만 특별 대우받기를 원하는 분들이 있다. 다른 아이들은 어떻게 되든 내 아이만 중요하다는 식이다. 그분들에게 꼭 말하고 싶은 점은 단체생활에서는 구성원의 행복지수가 나의 행복지수에 지대한 영향을 준다는 것이다. 내 아이 옆에 앉은 친구의 학교생활이 즐거워야 내 아이의 학교생활도 즐거울 수 있다. 교실은 같은 목적 아래, 그 각각의 개인과 전체가 필연적 관계를 맺는 살아 있는 유기체 공간이기 때문이다.

많은 분야에서 기계가 인간을 추월할 것이라는 미래에 공부만
잘하는 아이, 지식 경쟁력은 그 가치가 퇴색할 수밖에 없다. 인간
의 감성과 휴머니즘이 해답이 될 때, 다른 이들과 조화를 이루며
살아갈 좋은 성품, 인성은 어떤 특성보다도 자신만의 무기, 큰 경
쟁력이 될 것이다. 우리 아이들을 인성영재로 키우기 위한 가정과
학교의 협력이 꼭 필요한 때다.

아이의 인성실력을 키우기 위해 이야기해보면 좋은 부면들

◆ 친절함
우리는 다른 사람들의 감정을 배려하고 선한 일을 함으로써 친절함을 나타낼
수 있어.

◆ 존중
우리가 다른 사람과 생각과 의견이 다르다고 할지라도 존중심을 가지고 다른
이들을 대하자. 다른 사람의 말을 잘 듣고 그들 입장에서 이해해보려는 노력
을 할 필요가 있어.

◆ 정직함
가족 간에도 서로 진실하도록 하자. 우리가 정직한 사람이라고 인식되면 사람
들은 우리를 믿고 신뢰를 주지.

◆ 용기
우리는 살면서 언제나 익숙하고 만만한 일들만 할 수는 없어. 때로는 두렵지
만 시도해보는 거야.

◆ 감사
우리는 우리가 가지고 있는 것과 우리 가까이에 있는 사람들에 대해 감사하
는 마음을 가져야 해. 그리고 감사하는 마음은 '감사합니다'라고 표현하는 게

중요해.

♦ 공감

우리는 다른 사람들 입장에서 생각해보려 하고 다른 이들이 그 상황에서 어떻게 느낄지 상상해보려고 노력하지. 이렇게 하면 우리가 사람들을 더 좋아할 수 있고 친밀한 관계를 맺는 게 수월해질 거야.

♦ 인내

때로는 마음먹은 대로 일이 되지 않을 수도 있어. 하지만 그래서 계속 시도해보는 게 중요하다는 거야. 중요한 건 꺾이지 않는 마음!

♦ 책임감

우리 가족 한 명 한 명 다 소중하고 중요한 만큼 또 각자 맡은 일이 있지. 각자 맡은 일을 할 때는 주인의식을 가지고 하고, 다른 사람한테 일을 미루지 말자.

※ 완벽한 부모가 되어야 한다는 강박관념을 가질 필요가 없다. 아이를 통해 부모도 더 나은 사람으로 성장하는 기쁨에 집중해보자.

쌤'톡

- 기업이 찾고 있는 인재는 리드하는 인재가 아닌 화합하는 인재다.
- 인공지능이 인간을 추월할 수 있는 미래에 지식 경쟁력은 그다지 큰 힘을 발휘하지 못한다.
- 인성도 능력이고 실력이므로 갈고 닦으면 발전하게 된다.

7장

진로에 대해
함께 의논하는
부모

먼저 자녀의 성향과 유형을 파악하자

앞에서 말했듯 우리 아이들은 기계, 컴퓨터와 경쟁하는 시대를 살게 된다. 그렇다면 인간이 기계보다 유능한 점에 주목해야 한다. **기계가 가질 수 없는 것 중에는 좋아하는 마음, '열정'이 있다.** 전문가들은 그래서 **'덕후'**라는 키워드에 주목하라고 말한다. 단지 앉아 있는 시간이 길다고 해서 좋아하는 것을 이기기 힘들기 때문이다. 그만큼 우리 아이의 흥미는 무엇이고, 학습유형은 어떠한지를 파악하는 것이 중요하다. 그래야 힘들게 먼 길을 돌아가는 수고로움을 조금은 덜어줄 수 있다.

학부모 상담에서 "선생님, 둘째는 얘랑 달라요. 한 뱃속에서 나왔는데 어쩌면 이렇게 다를까요?"라는 말을 종종 듣는다. 그만큼 아이들은 하나하나 전부 너무도 다르다.

유학생 시절 넓은 세상으로 나가니 한국의 다양한 지역에서 캐나다까지 공부하러 온 학생들을 만날 수 있었는데, 그중에는 한국의 S대, 카이스트 등의 공과 대학생들도 많았다. 그런데 찬란한 영어 성적을 자랑하는 이 공대생 선배들의 일상생활 영어 능력은 성적에 비해 많이 부족했다. 일단 완벽하게 말할 수 있지 않으면 아예 말을 하지 않으려는 성향이 더욱 그렇게 만드는 것 같았다.

현실에 충격받은 이 선배들은 캐나다 도서관에서 두문불출하면서 영어공부에 박차를 가했는데, 오가다 들러보면 종이가 뚫릴 정도로 맹렬하게 단어와 문장을 쓰면서 외우고 있었다. 약간의 실소가 터져나오면서 안타까운 마음이 들었는데, 이 먼 캐나다 땅까지 와서 도서관에 틀어박혀 있을 거면 한국에서 공부하는 거랑 뭐가 다른가 하는 생각이 들었기 때문이다.

일단 죽이 되든 밥이 되든 나와서 영어를 쓰면서 부딪혀야 늘 것이 아닌가 하는 생각이 들었지만 사람의 성향이라는 게 그렇게 쉽게 바뀌는 것이 아닌 듯했다. 그 선배들이 전문가의 도움으로 본인들의 학습유형을 파악하고 그에 맞는 적절한 학습 방법을 처방받았다면 좀 더 효과적으로 영어 실력을 늘릴 수 있지 않았겠는가 하는 생각이 든다.

여기서 독자분들께 교육학에서 말하는 학습인지 유형을 쉽고 간략하게 추려서 소개해보겠다.

✓ 장독립 / 장의존 유형

장독립형은 혼자 공부하는 개별학습을 선호하며, 내적동기가 중요하다. 장(배경)에 영향을 별로 받지 않는 인지 양식이다.

· 주어진 학습자료, 데이터를 분석하고 표, 그래프 등으로 구조화 하는 데 능하다.
· 자신의 내면에 뚜렷한 가치평가 기준을 소유하고 있어 스스로 세운 목표를 계속 되새기며, 스스로를 강화하고 목표 달성에 힘 쓴다.
· 사물을 부분적이고 분석적으로 인식하고, 자신이 경험한 것을 논리적으로 잘 분석한다.
· 내적 동기유발, 개인의 목표가 있어야 한다. 점수와 경쟁을 통 해 스스로를 발전시킨다.

장의존형은 혼자 공부하는 것보다 토론, 협동 학습을 선호하며, 외적 요인으로 칭찬, 보상이 중요하다.

· 외부에서 세운 목표나 다른 사람이 주는 강화에 영향을 받는 경 향이 있다(외적 동기유발, 언어적 칭찬, 외적 보상 등).
· 다른 사람들 비판에 영향을 많이 받으며 외적 동기유발, 보상, 칭찬 등에 의해 성장에너지를 얻곤 한다.

⊘ 충동형 / 반성형

세계적인 발달심리학자인 제롬 케이건 교수가 정의한 학습인지 유형으로, 다음과 같은 특성을 가진다.

충동형	반성형
반응시간 빠르지만 오답 수 많은 유형. 행동이 사고보다 빠르다. 빠르게 처리하나 실수가 많을 수 있다.	반응시간 느리지만 오답 수 적은 유형. 사고를 충분히 한 후 행동으로 옮긴다. 여러 대안을 생각하고 탐색하여 답을 구한다. 느리지만 실수도 적다.

⊘ 촉각형 / 오디오형

1. 촉각형 학습자

연구에 따르면 학습자의 40% 정도가 촉각형 학습자이며 다음과 같은 특성을 가진다.

❶ 체험 활동을 선호하고 직접적인 경험을 통해 배우는 것을 좋아한다.

❷ 추상적인 개념을 강의나 독서를 통해서만 접할 때 어려움을 느낀다. 더 직접적인 방법으로 자료를 다루고 접할 수 있는 기회가 있을 때 제 능력을 발휘할 수 있다.

❸ 몸을 사용하는 스포츠, 춤, 그리고 다른 신체 활동 등을 할 때 즐거워한다.

❹ 자극적인 환경에 노출되면 다른 학습자들보다 자극 정도에 크

게 영향을 받는다.

❺ 수업이 강의식으로만 진행된다면 쉽게 지루함을 느끼므로, 실험, 시뮬레이션 역할극 등에 참여하면서 학습재료를 직접 손으로 조작해보는 것이 학습능률을 높일 수 있다. 예) 수학시간에 블록으로 구조물을 만드는 활동, 과학시간에 점토를 사용해 인체 구조를 재현해보는 활동 등.

2. 오디오형 학습자

학습자의 30% 정도가 오디오형 학습자 유형에 속하며 다음과 같은 특성을 지닌다.

❶ 추상적인 아이디어와 이론에 기반을 둔 개념을 배우는 것을 선호한다.

❷ 강의식 수업과 책을 읽고 이해하는 학습법에서 좋은 성과를 거둔다.

❸ 어조, 음조, 그리고 억양과 같은 언어의 뉘앙스를 이해하는 타고난 재능이 있는 경우가 많다.

❹ 학습 내용을 외울 때 머리 글자 따기 등 언어적 단서를 사용해 외우는 것이 효과적일 수 있다.

❺ 리듬, 노래 등을 기억력 증폭 장치로 사용하여 학습 효과를 높일 수 있다.

❻ 스토리텔링, 토론, 토의 등의 수업 시 참여도가 높다.

⊘ MBTI

또한 요즘 많은 사람들이 관심을 가지는 MBTI 검사를 사용해서도 아이의 학습유형을 알아볼 수 있다. MBTI는 Myers-Briggs Type Indicator의 약자로, 마이어스(Myers)와 브릭스(Briggs)가 스위스의 정신분석학자인 카를 융(Carl Jung)의 심리유형 이론을 근거로 개발한 자기 보고식 성격유형 검사다. 다음과 같은 8가지 요소를 조합하여 '16가지 유형'으로 성격을 설명할 수 있다는 것이다.

외향	**E**	-	내향	**I**
감각	**S**	-	직관	**N**
사고	**T**	-	감성	**F**
판단	**J**	-	인식	**P**

이 성격유형에 적합한 방식으로 학습하면 그 효과를 극대화할 수 있다는 것인데, 예를 들면 검사 결과에 따라 이론적인 것부터 접근하는 것이 좋은 유형, 혼자 생각하고 사유하는 충분한 시간을 주어야 하는 유형, 본인의 수준보다 약간 더 어려운 과제를 던져주었을 때 능력의 최대치를 발휘할 수 있는 유형, 성실하지만 응용력이 부족해 최대한 많은 문제풀이를 하는 것이 좋은 유형 등 다양한 학습유형으로 분류할 수 있다.

이렇듯 사람마다 저마다의 학습유형이 있고 흥미를 느끼는 분야가 다른데, 아이가 흥미를 보이는 분야가 눈에 띈다면 일본의 뇌과학자 다키 야스유키의 저서 『넛지육아』에서처럼 부모가 넛지 (nudge)를 해줄 수 있다. '넛지'의 사전적 의미는 주의를 환기하거나 부드럽게 경고하기 위해 (팔꿈치 등으로) 살짝 찌르다, 밀다라는 뜻이다. 이것이 미국의 세계적 베스트셀러인 『넛지』에서 "강압하지 않고 부드러운 개입으로 사람들이 더 좋은 선택을 할 수 있도록 유도하는 방법"을 일컫는 것으로 소개된 이후로는 자녀 진로지도 분야에서도 하나의 양육기술이 되었다.

예를 들어 아이가 자동차를 좋아하고 흥미를 보인다면 자녀와 자동차 쇼나 자동차 박물관 등을 함께 갈 수 있을 것이다. 모형 자동차를 분해하고 다시 조립해보는 활동을 한다든가, 자녀 방에 자동차와 자동차 산업에 대한 정보를 얻을 수 있는 잡지나 책을 슬쩍 올려놓을 수도 있다. 또한 자동차 산업 직종에 종사하기 위해서는 수학, 과학, 기술과목 등의 실력을 쌓을 필요가 있다는 점을 알려주고 필요한 지식을 갖추도록 권유할 수 있다.

『넛지』의 저자인 리처드 탈러는 인터뷰에서 "넛지는 사람들의 관심을 사로잡고 행동을 변화시키는 환경의 작은 특징을 캐치하는 것입니다. 넛지는 아이들에게 효과적이지요. 여기서 중요한 건 단지 아이에게서 넛지할 수 있는 부분을 찾아내는 것입니다"라고 언급했다. 여기서 또 하나 주의해야 할 점은 넛지가 원래 '슬쩍 누르다'라는 뜻이고 강압성을 배제한 것이 가장 큰 특징이듯, 부모님들도 아이들의 꿈을 응원할 때는 강압적이어서는 안 되고 일정한 거리를 유지할 필요가 있다는 것이다.

그렇다면 아이들의 성향과 유형을 검사할 수 있는 테스트들에는 어떤 것들이 있을까? 몇 가지 예를 들어보겠다.

⊘ 홀랜드 직업흥미 유형검사(청소년 직업흥미 검사)

미국 진로심리학자 존 홀랜드가 개발한 검사로, 6가지 흥미 영역에 대한 개인의 특성을 측정한다. 이에 따라 어떤 직업군이 적절한지 매칭해볼 수 있다.

현장형	도구·기계·동물들에 대한 관심이 많고, 명확하고 질서정연하며 체계적인 조작을 필요로 하는 활동을 좋아한다.
탐구형	호기심이 많고 관찰하는 것을 즐기며, 상징적·체계적·창조적 활동이 필요한 조사나 연구를 좋아한다.
예술형	상상력과 감정이 풍부하고 독창적이며 개방적이다.
사회형	사람들과 어울리기를 좋아하고, 이해심이 많아 남을 도와주는 걸 좋아한다.
진취형	리더십과 통솔력이 있어 타인을 선도·계획·통제·관리하고 명예와 권한을 얻는 것을 좋아한다.
관습형	계획에 따라 자료를 기록·정리·조직하는 일을 좋아하고, 사무적·계산적 능력을 발휘하는 데 뛰어나다.

이 홀랜드 직업흥미 검사는 워크넷(https://www.work.go.kr) 회원가

입 후 청소년대상 심리검사에서 온라인으로 검사 가능하며, 검사
결과에 대해서는 '결과상담' 메뉴 혹은 워크넷 상담 전화번호를
통해 상담가능하다.

⊘ 한국 교육과정평가원 심리검사

한국 교육과정평가원에서 운영하는 기초학력향상 지원 사이트
'꾸꾸(KU-CU)'(http://www.basics.re.kr/main.do)에서는 초등학교, 중학
교, 고등학교 대상으로 학습부진 원인 및 학생의 학습유형을 파악
하는 표준화된 심리검사 도구를 다음과 같이 제공하고 있다.

초등학생	학습유형 검사, 학습 저해요인 진단 검사, 정서행동 환경 검사, 수학 학습동기 검사, 사회 학습동기 검사, 학교생활 적응도 검사
중학생	학습유형 검사와 정서행동 환경 검사
고등학생	자기조절학습 검사

이외에도 웩슬러 지능검사, 풀배터리 검사 등이 있다. 그리고
학교에서도 정서검사와 진로적성검사를 실시한다. 이때 아이의
학습유형이 어떤 스타일인지 부모가 관찰할 수도 있고, 학교 교사
나 진로교사, 상담교사에게 상담 시 문의해볼 수도 있다.

또한 좀 더 자세한 검사를 해보고 싶다면 부모의 관찰을 기반으
로 전문가에게 의뢰하는 것도 좋다. 여러 기관에서 검사를 제공하

고 있고, 온라인으로도 가능하다. 어느 정도 비용이 들지만 사교
육비 지출하는 것에 비하면 합리적인 수준이다.

고교학점제
– 과목 선택은 어떻게 할 것인가?

2025학년도부터 전면 실시되는 고교학점제란 쉽게 말해 대학교 수강 신청처럼 과목 선택이 좀 더 다양해지며 3년 동안 192학점을 이수하면 졸업을 할 수 있는 제도다.

	현행	고교학점제 (2025년)
수업공간	소속학교에서 수업수강	시간표에 따라 이동수업, 타학교수업, 온라인수업 등 다양화
교육과정	학교별 교육과정 운영	학생 선택 교육과정 운영 학생 개인별 시간표
졸업기준	출석일수(204단위/3년 2,890시간)	출석+학점취득 (192학점/3년 2,560시간)
내신성적	상대평가(일부 절대평가)	공통과목: 상대평가 선택과목: 절대평가

1학년 때는 주로 우리가 알고 있는 공통과목(국, 영, 수, 사, 과)을 배우고, 2학년 때부터 다양한 일반 선택과목과 진로 선택과목을 골라 공부한다.

제시된 선택과목 예로는 문학과 매체, 동아시아 세계사, 시사영어, 영어권 문화, 화학실험, 인공지능 수학, 보건, 프로그래밍 등 다양하다. 교육부는 학생들이 개설을 원하는 과목이 있지만 그 학교 학생들만으로 수강인원을 채울 수 없다면 지역 클러스터, 인접 학교 그룹을 연합해 과목을 개설하고, 순회교사제도를 이용해 학생들에게 수업을 제공할 계획이라고 밝혔다.

고교학점제의 큰 틀은 정해졌지만 수시로 업데이트가 이루어질 것이기 때문에 관심을 가지고 지켜봐야 할 것이다. 선택과목이 늘어나므로 아이의 적성과 흥미를 파악해야 과목을 선택하는 데 좀 더 수월할 것이라는 점을 짐작할 수 있다.

하지만 여기서 주의해야 할 것이 있다. 아이가 아직 하고 싶은 것도 없고, '꿈이 없다'고 말할지라도 그것을 한심하게 여기고 구박하면 안 된다는 것이다. 16, 17세에 명확한 진로와 꿈을 파악한다는 건 아이들에게는 어려운 일일 수 있다. 나이가 들고 늦어서야 자신만의 꿈을 꾸게 되는 경우도 흔하다. 40세 한의사가 한옥을 짓는 목수로 제2의 직업인생을 시작하고, 대기업 사원이었다가 배우의 꿈을 이룬 사람들 이야기가 심심치 않게 들리는 것처럼, 다른 일을 하다가 진짜 나의 적성을 발견할 수도 있기 때문이다.

요즘 학교 교육과정에서는 진로 측면이 강조되면서 "그래서 꿈이 뭐냐고?" 하며 꿈을 너무 물어오는 탓에 '꿈 강박증'에 걸릴 것 같다고 호소하는 아이들도 많다. 그러니 아이가 '아직 꿈이 없다'고 말한다 해도 **"다른 아이들도 별다르지 않을 거야. 너만 그런 거 아니야"**라고 해주면 어떨까?

그리고 이렇게 도와줄 수 있다. 일단 싫어하는 분야를 지워본다. 아이에게 아직 적성은 모르겠지만 정말 안 맞는다는 분야는 있을 수 있기 때문이다. 초등학교 때부터 해왔던 방과후 수업 때 주로 어떤 수업을 들었었는지, 어떤 수업을 듣고 싶어 했는지 살펴본다. 또 앞장에서 살펴보았던 것처럼 아이가 직접 몸으로 체험하고 손으로 조작하는 걸 즐기는 촉각형 학습자인지 오디오형 학습자인지도 고려해본다.

아이들 중에는 아직 대학별로 어떤 학과가 있는지 잘 모르는 아이들도 많이 있으므로 대학별로 어떤 과정과 학과가 있는지 학과 안내를 함께 살펴본다. 이때 "너는 성적이 안 되잖아", 혹은 "준비도 안 했으면서 그 학과는 쳐다보지도 마. 거기는 넌 안 돼." 같은 이야기는 하지 말자.

현재 입시 전형은 매우 다양해서 문예창작과, 실용음악과 중에는 실기만으로 학생을 뽑는 전형도 있고, 체육대학, 미술대학이지만 실기시험을 보지 않는 전형도 있다. 자기에게 맞는 전형을 찾아가면 되는 것이지 준비가 됐다 안 됐다 성급히 말하기는 어렵다.

예전 기성세대가 대학을 다닐 때와도 학과, 과정 편제가 많이 달라졌으므로 어떤 학과들이 있는지 아이와 함께 살펴보자. 꼭 무엇을 결정한다기보다는 지금 학교에서 배우는 교과 내용 중 그래도 배우면서 재미있다고 느낀 단락이 하나라도 있었는지 작은 실마리라도 놓치지 않도록 도와주자.

예를 들어 영어공부를 할 때에도 유난히 단어의 어원에 흥미를 보이는 아이가 있다. 예를 들면 "마차를 뜻하는 라틴어 carrus에서 → 목표를 향해 가는 길이라는 뜻으로 발전한 후 영어에 와서 → career(직업)와 carry(물건을 운반하다)라는 단어가 생겨났다." 식의 어원으로 하는 영어 단어 공부에 유독 흥미를 느끼고 파고드는 아이들이 있다. 이런 아이들은 특정 역사와 세계사 사건에도 빠삭하고 줄줄 외우고 있는 경우가 많다. 또한 원소 주기율표 등에도 흥미를 보인다. 이런 실마리에서 적성을 찾아 고교 선택과목을 선택해 보면 어떨까?

"흥미에 맞춰 선택과목을 정해서 대학입시에 불리해지면 어떡하나 걱정이 돼요"라고 말씀하시는 학부모들이 있다. 무조건 입시에 맞춰서 모든 판을 짜야지 혹시라도 삐끗하면 망하는 것 아니냐는 것이다. 이런 이야기를 들으면 함께 생각나는 인터넷 기사가 있다. 요즘 농담처럼 '문송합니다(문과라서 죄송합니다)'라는 말이 자학 개그의 하나가 되었다는 내용이다. 어이가 없는 부분이다.

지금 한국에서 가장 글로벌 트렌드를 선도하는 것은 K-드라마,

K-팝 같은 엔터테인먼트 분야와 웹소설, 웹툰이다. 불과 몇 년 전만 해도 영화 〈기생충〉이 외국 영화에 배타적이기로 이름난 아카데미 영화제에서 작품상을 비롯해 4관왕을 차지하고, 전 세계가 한국 드라마 〈오징어 게임〉을 즐기는 시간이 오리라고는 상상도 못했다. 현재 K-컬처를 이끄는 직업들은 젊은이들이 가장 선망하는 대상이고, 전도유망한 분야이기도 하다.

제자들 중에도 이 분야에서 사회에 첫발을 내딛은 학생들이 많다. 이 학생들 중에는 학창 시절부터 유난히 재능이 돋보였던 경우도 있지만, 열심히 할 뿐 별 두각을 나타내지 못하는 그야말로 평범했던 경우도 많다. 이 학생들에게 '무조건 이과가 살길이다. 다른 진로는 생각하지도 말라'고 진로 지도를 했다면 어땠을까? 이렇듯 전 국민 '이과 만능설'은 말도 안 되는 믿음이고 건강한 사회를 만드는 데도 걸림돌이다.

요즘처럼 급변하는 시대에 지금 유망한 분야가 몇 년 후에도 계속 그럴지는 아무도 모른다. 지금처럼 스토리텔러(story-teller)와 크리에이터(creator)가 각광받는 세상이 올지 아무도 몰랐던 것처럼 말이다. 오히려 앞으로 기계나 인공지능이 가장 빠르게 잠식할 수 있는 일자리 분야가 의료, 기술 분야라고 보는 시각도 많다.

우리 아이들의 삶은 객관식이 아니라 주관식이 될 것이다. 자기만의 이야기를 써내려가야 하는 시대라는 것이다. '~과목을 선택해서 아이의 진학 결과가 잘못되면 어쩌지?'라는 불안보다는 선택하고 싶었는데 참아서 후회하는 것이 더 어리석은 일일지 모른다. 진로(進路)와 직업은 동의어가 아니다. 진로란 말 그대로 길을 모색하는 것으로, 미래직업 보고서에 따르면 앞으로 한 사람이 최소 '여섯 번의 직업이동'을 할 거라는 예측도 있다. 진로를 정할 때는 너무 눈치 보지 말고 유연한 사고로 임할 필요가 있다.

쌤'톡

- 고교학점제로 인해 과목을 선택해 수강할 필요가 생겼다. 과목을 선택할 때는 아이의 흥미와 적성을 고려해야 한다.
- 아이가 아직 '꿈이 없다. 적성을 모르겠다'고 한다 해서 나무라지 말고 작은 실마리라도 놓치지 않도록 해야 한다.

인문계/특성화고 등 다양한 종류의 학교들

임용시험에 합격하고 영어교사로 첫 발령을 받은 곳은 특성화고(과거 실업계)였다. 입시과목 교사로서 부임하기 전 걱정이 많았지만 대부분 그렇듯이 막상 겪어보면 걱정은 기우인 경우가 많았다. 그 당시도 지금도 특성화고 진학을 두고 인생이 꼬이는 것처럼 이야기하는 이들이 있지만 그건 상당한 오해다.

자녀가 인문계고보다 특성화고 진학을 원하는 데는 여러 가지 이유가 있을 수 있다. 근무해본 교사로서 특성화고의 장점을 소개해본다면 이런 것들이 있다.

1. 먼저 아이가 기를 펴고 자존감이 향상될 수 있다

아무래도 특성화고에서 성적관리를 하는 것이 인문계고에서

보다 성과가 좋은 편이다. 조금만 공부하고 신경쓰면 좋은 성과도 얻고 또 저절로 교사들에게 칭찬과 격려를 받으니 날개를 다는 아이들이 있다. 중학교 시절 단지 성적경쟁에서 성과를 내지 못하고 공부에 흥미가 없어 의기소침했던 아이들이 표정도 밝아지고 자신감이 붙는 모습을 보면 기쁘다.

2. 필기시험에 약하지만 사회관계 지능, 인성 지능이 높으며 프로젝트형 수업에 강한 아이들이 두각을 나타내기 쉽다

시험지만 보면 앞이 까매진다는 아이들이 있다. 바들바들 떨린다는 아이들도 있다. 특성화고에서는 자격증을 따고, 공모전 입상 등에서 가산점을 획득할 수 있다. 필기시험에는 약하지만 제작과 발표에는 소질이 있는 아이들의 경우 재능을 펼치기가 수월하다.

3. 관심 분야에 매진하며 즐거운 고등학교 생활을 한다

독자들도 예상하겠지만 인문계 고등학교는 입시를 보고 전속력으로 달리는 경향이 있기 때문에, '소리 없는 전쟁터'라고 할 수 있다. 아무래도 아이들 사이에 긴장도도 높은 편이다. 하지만 특성화고 학생들은 그런 스트레스에서 조금은 자유로우며, 관심 분야가 있어 진학한 경우는 그 분야에 매진하면서 매우 행복한 학교 생활을 한다. 스트레스와 공부에 찌들지 않고 행복한 학교생활을 하는 아이들 얼굴을 보면, 저 아이한테는 좋은 선택이었구나 하는 생각이 든다.

4. 해외취업 준비를 일찍부터 시작할 수 있다

한국의 취업시장과 경제상황이 항상 좋은 건 아니기 때문에 많은 청년들이 해외취업을 생각하고 있다. 워킹 홀리데이 비자 제도가 있기는 하지만 특별한 기술 없이 가서는 정말 외딴 지역에서 농장허드렛일을 돕는 정도의 단순노동 기회밖에 없다. 그런데 선진국의 경우 오피스워커라 불리는 사무직과 기술직의 급여차이가 없고 기술직에 대한 사회적 인식과 대우가 좋은 편이므로 해외취업을 생각하는 청년들에게 좋은 선택이 된다. 항공정비, 건축, 토목관련 기술직, 호텔관광, 조리 관련 기술직 등의 기술직은 해외취업의 문이 활짝 열려 있다. 관련 기술과 자격증을 취득할 수 있는 특성화고를 선택해 준비하는 것은 많은 도움이 될 것이다.

실제로 미국 뉴욕의 유명 요리학교인 CIA, 스위스의 저명한 호텔학교 등에서는 많은 한국의 특성화고 졸업생들이 기술 연마를 이어가고 있다. 제자들 중에도 특성화고에서부터 쌓아온 기술로 호주, 미국 등지에서 전문직으로 인정받으며 사회적 인식 면에서나 경제적으로도 만족스러운 직장생활을 하는 경우가 꽤 있다.

5. 특성화고에서도 대학 진학이 가능한 구조다

모든 특성화고 학생들이 취업만을 염두에 두고 있는 건 아니다.

상당수가 대학 진학을 원하며 실제로 학생의 절반 정도(2020년 기준, 특성화고 학생 45%)가 대학에 진학하고 있다. 대학입학전형 중에는 특성화고 학생만 지원할 수 있는 '특성화고 특별전형'이 있다. 이를 활용하면 대학 진학 시 유리하다. 설사 졸업하면서 취업을 선택했더라도 직장생활을 하면서 '특성화고 재직자전형'으로 대학에 진학할 수 있다. 고등학교 기간 동안 가고 싶은 대학과 학과를 발견하지 못했을 경우, 혹은 상황이 여의치 못해 진학을 포기했을 경우, 사회생활을 해보면서 본인이 공부하고 싶은 분야를 모색해보는 것도 하나의 방법이다.

실제로 외국의 고등학교 졸업생 대부분은 학교를 졸업한 후 'gap year(1~2년 정도 여행, 봉사활동을 가거나 사회 경험을 쌓으면서 본인의 적성과 목표를 발견하는 시간을 갖는 것)'를 가진다. 십대 시절에 '앞으로 무슨 일을 하고 싶은지' 구체적으로 정한다는 것 자체가 힘든 일이기 때문이다.

※ 유의할 점

특성화고는 종류도 많고 분위기도 학교에 따라 천차만별이다. 학생 선호도가 높은 특성화고 경우에는 합격하기 위해서 치열한 경쟁을 통과해야 한다. 반면에 학생 선호도가 낮아 인원을 채우지 못하는 학교도 있으므로 미리 사전에 학교에 대한 조사를 하고 재학생들 이야기도 들어보는 것이 중요하다.

특성화고에서 대학 진학하는 일이 땅 짚고 헤엄치기라는 의미도 아니다. 기본적으로 성실한 학교생활과 내신성적 관리는 필수이다. 하지만 오직 상급학교 진학만을 목적으로 모인 인문계 고등학교에서의 성적 경쟁에 비해 본인이 노력한 것에 좀 더 비례한 결과를 얻을 수 있다는 것이다. 그리고 그 뒤에는 '무슨 그런 학교를 가니! 생각도 하지 말라'고 차단하지 않고, 아이의 성향과 선택을 존중하며 함께 자료를 수집하고 진로에 대한 고민을 공유해주신 부모님들이 있다.

진로 선택에 도움을 주는
유관 기관 및 웹사이트

스티브 잡스(전 애플 CEO)는 스탠포드대 졸업식 축사 중 "인생이라는 거대한 시간 속에서 진정한 기쁨을 누릴 수 있는 방법은 스스로가 위대한 일을 한다고 자부하는 것이고, 자신의 일이 위대하다고 자부할 수 있을 때는 간절히 하고 싶은 일을 할 때입니다"라고 말하며 "좋아하는 일을 아직 발견하지 못했다면 포기하지 말고 간절히 찾으라"고 격려했다.

앞서 언급한 대로 자녀의 성향을 파악하고 그에 맞는 적절한 진로를 함께 찾아보는 것은 꼭 필요한 일이지만, 경우에 따라서 어렵고 막막하게 느껴질 수도 있다. 그럴 때는 학교의 도움을 받을 수도 있고, 아래와 같이 다양한 웹사이트와 기관을 이용해볼 수도 있다.

- 커리어넷: https://www.career.go.kr

  가장 큰 규모의 진로 진학 사이트로 적성검사 / 진로탐색 / 직업연봉 등에 대한 정보와 다양한 직업인들 동영상을 시청한 후 진로상담 등을 할 수 있다.

- 주니어 커리어넷: https://www.career.go.kr/jr

  초등학생에 특화되어 있는 커리어넷 사이트다.

- 특성화고-마이스터고 포털: http:// www.hifive.go.kr

  학교 찾기 기능이 있어 관심 있는 학과가 개설된 고등학교를 찾아볼 수 있고 과정도 살펴볼 수 있다.

- 서울특별시 진학정보 센터: https://www.jinhak.or.kr

- 경기도 진학정보 센터: https://jinhak.goedu.kr

  각 지역 교육청에서는 다양한 진로, 대학입시 전형, 입시 컨설팅 등을 받을 수 있는 진학정보 센터를 운영하고 있다.

- 한국 청소년 상담 복지 개발원: https:// www.kyci.or.kr

  청소년, 교사, 학부모, 청소년 지도자들에게 상담에 대한 다양한 정보를 제공하며, 사이버 상담센터에서 진로상담을 할 수도 있다.

- 고입정보 포털: http://www.hischool.go.kr

  교육과학부 운영 고등학교 입시 정보 서비스로, 학교별 전형 일정, 체험후기 등을 제공한다.

- 원격 영상 진로 멘토링: https://mentoring.career.go.kr

교육부와 한국청년 기업가정신 재단이 운영하는 진로 멘토링 프로그램이다. 지역적 제약 없이, 매달 기획되어 있는 원하는 멘토링 수업에 실시간으로 참여할 수도 있고, 개인이나 단체가 원하는 멘토의 수업 시간을 설정하여 신청하고 참여할 수도 있다.

- 마이스터넷: https://meister.hrdkorea.or.kr

  우수 숙련 기술인 포털 사이트로 대한민국명장, 기능한국인, 국제기능올림픽 국가대표 선수 등 우수 숙련기술자(마이스터)들에 관해 쉽게 찾아볼 수 있으며, 이들이 보유한 우수한 기술과 지역별 마이스터들 현황을 한눈에 볼 수 있다.

- 학부모 on 누리 사이트: http://www.parents.go.kr

  전국 학부모 지원 센터로서 자기주도학습, 진로·진학, 창의성, 인성교육 등 자녀교육과 관련된 핵심 내용을 주제로 온라인 교육과정을 운영하고 있다. 학부모 교육 참여 및 자녀교육 정보 등 최신 교육뉴스도 제공하고 있다.

- 워크넷: https://www.work.go.kr

  직업 정보 찾기 메뉴에서 다양한 직업 정보를 얻을 수 있으며, 메뉴 중 '직업·진로 → 신직업·미래직업'란에서는 앞으로 각광받을 '신직업'에 대해 동영상과 카드 뉴스로 자세하게 설명하고 있다.

『사피엔스』 저자이자 이스라엘 히브리대학 교수인 유발 하라리는 그의 저서 『21세기를 위한 21가지 제언』에서 **"이 시대에 교사들이 가장 지양해야 할 교육은 학생들에게 더 많은 정보를 쌓으라고 하는 것이다.** 모든 것이 불확실할 미래에 가장 중요한 것은 **낯선 상황에서 정신적 균형을 유지하는 능력**과 이미 넘쳐나는 많은 정보 중에 중요한 것과 중요하지 않은 것을 구분할 수 있는 능력이다. 스스로 추려낸 정보들을 조합해 **세상에 관한 큰 그림**을 그릴 수 있어야 한다"고 말했다.

시간이 흐른 만큼 제자들 중에는 이미 기성세대가 되어 지금 내가 가르치는 학생의 학부모로 만나게 되는 경우도 있다. 특성화 고등학교부터 지역에서 내신 경쟁이 가장 치열하다는 학교까지 다양한 백그라운드를 지닌 제자들이지만 사회에서 잘살고 있는지는 이미 많은 사람들이 알고 있듯, 성적하고는 크게 상관관계가 없다.

유발 하라리의 말처럼 지식 경쟁력이 힘을 잃은 지금, 대학 레벨이 무언가를 보장해주는 시대는 지났다. '어느 학교 제자가 1등이 아니었지만 지금은 이렇게 멋지게 살고 있어요'라고 일일이 예를 들지 않아도, 앞으로 우리 사회에서 학벌이 과거만큼 중요한 가치로 여겨지지 않을 것이라는 건 분명하다. 그러니 성적에 목매지 말고, 넓게 보고 가도 괜찮다!

관계의 힘
-교사와의 관계
/ 자녀와의 관계

"나 하나의 소신이 무슨 변화를
만들 수 있을까 생각하지 말자.
나로부터 시작하는 나비효과를 믿으며
부모들이 아이를 믿고 기다리는
사랑을 지속할 수 있기를 뜨겁게 응원한다."

4부

8장

공교육에
긍정적 태도를
갖게 하자

교사와 학교에 대한 긍정적 기대가 중요

예전과는 달리 학교가 여러 가지 흉흉한 뉴스의 주인공이 되기도 하고, 교사들의 사기도 많이 떨어져 있는 상태다. 또한 가정에서는 한두 명의 자녀에게 오롯이 집중하고 그만큼 학교에도 세심한 케어를 요구하지만 현실적인 어려움들이 있다. 인구 밀집 지역 학교들은 여전히 한 반당 학생 수가 과밀한 곳이 많고 교사 한 명이 감당할 수 있는 보살핌에도 한계가 있기에 어떤 부분에서는 학교가 학부모 기대에 못 미치는 듯 느껴질 수 있다.

하지만 아이가 홈스쿨링을 하는 것이 아니라 학교에서 단체생활을 하고 있다면, 학교라는 곳에 대해 일단 긍정적인 이미지를 가지고 있을 때 성취도가 높아지는 건 두말할 나위가 없다.

아이를 조부모에게 맡겨 키우던 지인이 잠시 일을 쉬기로 결심한 이유를 말해준 적이 있다. 직장생활을 할 때 조부모께서 아이를 돌봐주셨는데 어린이집만 다녀오면 아이에게 "혹시 오늘 선생이 때렸어? 너한테 뭐라고 했어?"라고 확인부터 했다고 한다. 물론 가끔 언론에서 집중 조명하는 학대 사건들 때문에 불안해서라고는 하지만 어린이집 교사에 대해 늘 부정적인 이야기만 듣는 아이가 어린이집 생활을 즐겁게 할 수 있을까? 이런 생각이 들어서 휴직을 결심하게 되었다고 한다.

현명한 선택이라고 생각한다. 학교도 마찬가지다. 학교에 공부하러 간다는 게 학생들에게 항상 즐거운 일은 아닐 것이다. 하지만 학교에 대해 긍정적 이미지와 기대를 가지면서 선생님을 따른다면 아이가 내실 있고 수월한 학교생활을 할 수 있다. 부모가 학교와 교사에 대해 긍정적인 이야기를 많이 해준다면 아이도 좋은 이미지를 갖게 될 것이다.

중학교에 입학한 신입생 A는 젊고 말이 잘 통할 것 같은 담임선생님을 기대했으나 단조로운 표정에 잘 웃지 않는 중년의 선생님이 담임을 맡게 된 것에 대해 실망했다. A는 학기 초 잘 웃지도 않고 사뭇 무뚝뚝해 보이는 선생님이 마냥 어렵게만 느껴졌고 집에 와서는 엄마에게 불평을 늘어놓았다. 담임선생님에 대해 불평하기 시작하자 모든 것이 안 좋게 보였고 선생님의 외모나 패션 등 직업상의 기본 자질과는 관련 없는 내용을 가지고 흉을 보기도 했다.

하지만 A의 어머니는 "사람은 다 자기만의 개성이 있는 것처럼 활달하고 친구 같은 선생님이 있는 반면 근엄하고 필요한 말만 하시는 분도 있는 거야. 누가 더 좋은 거라고는 말할 수 없어. 선생님이 너한테만 무뚝뚝하게 하시는 것도 아니잖아? 그리고 한참 사춘기인 중학생들을 통솔하려면 그런 카리스마 있는 모습이 필요할 수도 있어"라고 말하며 아이가 마냥 부정적인 말만 늘어놓지 않도록 도와주었다.

얼마 지나지 않아 아이는 "우리 선생님은 학생들을 공정하게 대해주셔. 그리고 좀 소란스럽고 그런 애들도 담임선생님 수업시간에는 조심하고, 학급이 정돈된 분위기가 되는 게 좋아. 그리고 개인적으로 수업 내용에 대해 궁금한 질문을 하면 알기 쉽게 설명해주셔서 도움이 돼"라고 말하며 긍정적인 태도로 변했다. 긍정적인 태도를 지니게 되자 학교생활을 좀 더 즐겁게 할 수 있었던 건 물론이다.

중학교에 입학해서 과목별 교사를 멘토로 따른다면, 아이는 10여 명의 멘토를 가지게 되는 것이다. ○○과목 선생님을 멘토로 두고 그 과목을 열심히 하게 되어서 관련된 직업에 종사하게 된 경우는 수도 없이 많다. 부모 입장에서도 든든한 지원군을 얻는 셈이다. 서로 노력하여 모두에게 이로운 윈윈 전략이라고 할 수 있다.

학교 방문 상담을 할 때는
열린 마음으로

　학부모 상담주간은 사실 교사에게도 부담되는 일이다. 상담주간이라고 해서 수업이 없는 것이 아니므로, 일과를 다 마치고 부모님들과 상담하다 보면 목도 너무 아프고 아주 단 과자가 먹고 싶다는 생각이 들 정도로 체력이 고갈되기도 한다. 하지만 전반적인 학교생활을 알 수 있는 몇 안 되는 좋은 기회라는 생각이 있기에 학부모들께 상담주간을 잘 활용하도록 권하는 편이다.

　하지만 요즘은 나를 비롯한 많은 교사들이 학부모 상담 시 최대한 좋은 말만 해주려고 하게 된다. 아이가 수업 시간에 집중을 못하고 친구들과도 거친 언행으로 갈등이 좀 있다는 식의 이야기를 꺼내면 선생님이 우리 아이를 얼마나 봤다고 그런 이야기를 하느냐, 우리 아이만 미워하는 게 아니냐는 등 곤혹스러운 반응을 겪게 된다. 그래서 더욱 부족한 부분을 이야기하기가 조심스럽다.

하지만 교사 입장에서 그러한 이야기를 하게 되는 이유는 이미 학교에서 여러 번 '타이르고 상담했지만' 변화가 없기 때문에 학부모님께 도움을 청하는 것이다.

디지털 기기의 발달과 바쁜 부모님, 핵가족화로 인해 사회성이 부족하고 정서가 안정되지 못해서인지 요즘 아이들은 전문가 도움이 필요한 경우도 꽤 있다. 예를 들면 조용한 ADHD(행동이 과격하지는 않지만 주의력 결핍 등으로 일상생활과 학교 등 단체생활에서 어려움을 겪는 경우) 증상과 같은 것들이다. 이러한 증상은 얼마나 빠르게 조치를 취하고 치료를 시작하느냐에 따라 그 효과가 천차만별이다. 중고등학교 때 본격적으로 장시간의 자기주도학습이 필요한 시기에 일찍 치료를 시작한 아이들은 보통 아이들과 비슷한 수준의 집중력을 보일 정도로 상태가 호전되기도 한다.

여러 해에 걸쳐 수많은 아이들을 만나온 교사는 또래와 비교해 자녀의 현재 모습을 객관적으로 말해줄 수 있는 교육전문가다. 전문가로서 교사의 조언을 신뢰하지 못하고 불편해한다면 교사도 부모님께 꼭 알려드려야 하는 아이에 대한 정보를 말하지 못하게 된다. 부모 입장에서는 굳이 시간을 내어 방문한 의미가 없게 되는 것이고, 아이로서는 도움을 받을 수 있는 결정적 시기를 놓치게 되는 것이다.

아이의 불만은 일단
중립적인 태도로 듣자

아이들은 학교에서 있었던 일을 집에 가서 말하기도 하지만 반대로 집에서 일어났던 일을 학교에 와서 말하기도 한다. 고학년 아이들은 안 그럴 것 같지만 의외로 수다스러운 학생들도 많다.

"저희 엄마가요(할머니가요), 저보고 그럴 거면 차라리 이 세상을 ○○래요"처럼 다소 충격적인 말을 내뱉는 경우도 있다. 무슨 상황인지 알고 보면, 이것도 귀찮고 저것도 귀찮은 아이한테 농이 섞인 말로 "아이고 숨 쉬는 것도 귀찮다 해라. 그럴 거면 뭐하러 사냐", 이런 식으로 이야기하신 거를 학교에 와서 그렇게 와전해서 말해버리는 것이다.

나이가 어릴수록 이런 경향은 더 심해진다. 아이들은 아직 자기만의 세계가 전부인 경우도 많고 상황 파악이 어려운 경우도 있어

다툼이 일어난다 해도 자기 입장에서만 이야기를 전달하는 경우도 많다.

아이가 학교에서 일어났던 일과 교사에 대한 불만을 이야기한다면 마음을 토닥여주고 잘 들어주어야 하지만 실제로 어떤 상황이었는지도 알아보려고 해야 한다. 일의 전후 상황을 알지 못하고 무조건 교사나 학교에 대해 험담을 한다면 그것은 아이에게 전혀 도움이 되지 못한다. 또한 선생님을 험담하는 부모를 바라보는 아이에겐 무슨 생각이 들 것이며, 그 아이가 학교에 가서 무얼 얻을 수 있겠는가.

일단 아이가 학교생활을 하고 있는 중에는 아이가 학교와 교사에 대해 신뢰성을 잃지 않도록 조심해줄 필요가 있다. **부모와 교사는 협력관계이지 서로를 견제하는 관계가 아니기 때문이다.**

쌤'톡

• 아이에게 학교에 대한 긍정 이미지를 심어주면 학교생활 적응이 수월해질 수 있다.
• 부모와 교사는 협력관계이므로 교육전문가로서 교사의 의견을 신뢰할 때 꼭 필요한 조언과 도움을 놓치지 않을 수 있다.

9장

손상되지 않게
잘 지킨
자녀와의 관계가
사교육을 이긴다

"아이가 너무 착해서 한심해요"
– 자녀의 한계를 미리 정하지 마라

상담으로 방문한 선우(가명) 어머니는 세련되고 딱 부러진 인상
으로 전문직업에 종사하는 분이었다. 그런데 상담을 시작하자마
자 "선생님, 선우 저랑 하나도 안 닮았죠?"라고 해서 짐짓 당황스
러웠다.

"네? 아니요. 닮았죠. 어머니신데 왜 안 닮았겠어요."

"아니요. 선우는 저를 전혀 안 닮았어요. 닮았으면 저럴 수는 없
어요."

선우는 중학교 1학년 남학생으로, 또래에 비해 좀 어린 듯했지
만 심성이 착하고 어느 모둠에서 활동하든지 항상 평화주의자로
누구와도 조화를 잘 이루었기 때문에 두루두루 사랑받는 아이였
다. 선생님 도와드리는 것도 좋아하고, 교사로서 보면 기분 좋아

지는 사랑스러운 학생이었다. 야무지거나 공부를 월등히 잘하거나 다른 아이들을 리드하는 스타일은 아니었지만 교실에는 각기 다른 특성의 아이들이 있으므로 그것이 문제라고는 생각하지 않았다.

여학생들은 1학년이라도 성숙한 반면에 중학교 남학생들은 1학년과 3학년 차이가 엄청나다. 중3을 고등학교 과정으로 편입하자는 의견이 있을 정도로 중3이 되면 어른스럽지만, 중1 때는 초등학교 시절 앳된 모습 그대로 학교생활을 하는 남학생들도 많다. 선우는 으레 중1 교실에서 볼 법한 평범한 아이였기 때문에 나는 평소에 느끼던 선우의 장점을 언급하며 집에서 칭찬해달라고 말씀드렸다.

"애가 속없이 착해서 실속은 하나도 없고 한심해요. 지 동생은 하나를 가르치면 열을 알고 얼마나 야물딱진데요."

어머니는 아이가 동생에 비해 학업성취도가 많이 떨어지고 뛰어나지 못한 것에 대해, 매사에 특출나던 본인 자신을 전혀 닮지 않은 것에 대해 한탄하며 저렇게 착해빠져서 (종교) 성직자나 돼야지 뭘 하겠냐고 한참을 말씀하시다 가셨다.

담임교사에게 아이 흉을 보고 돌아가는 부모라니… 아이가 너무 안쓰러웠다. 상담을 하다 보면 은근히 이런 유형의 부모들이 있다. 아이가 무얼 특별히 잘못하는 것도 아닌데 단지 '공부 못한다고' 자녀를 미워한다. "그 반대 아닌가요? 공부 못하면 교사가 미워하는 거 아닌가요?" 할지 모르지만 그렇지 않다.

본인이 공부를 안 하면서 옆 친구들까지 공부를 못하도록 방해하고, 교사의 수업 흐름을 끊는다든가 해서 다른 친구들에게 피해를 줄 때 화가 나는 것이지, 단순히 학습능력이 떨어진다고 해서 그 아이가 미울 리 없다. 오히려 안타까운 마음이 들었으면 들었지 말이다. 선우 어머니 같은 부모 유형은 본인이 빈틈없고 탁월했던 경우가 많다. 그렇기 때문에 안 그런 아이를 이해하지 못하고, 급기야 자녀를 부정하게 되는 것이다.

정원에 가보면 장미가 아닌 다른 꽃들도 다 저마다의 매력을 뽐내듯이, 아이들에게는 다 저마다의 장점이 있다. 그 학생이 있는 모둠이나 분단은 언제나 다툼 없이 평화롭고, 매사가 물 흐르듯이 잘 진행되는 피스 메이커(peace-maker) 역할을 톡톡히 하는 아이가 있는가 하면, 학급 멀티미디어 관리부터 시작해 손이 야무져 뭐든지 잘 조작하고, 고치고, 하다못해 자기 자리 정리정돈을 해도 남다르게 깔끔한 손재주 좋은 아이까지 각각이 가진 장점과 가능성은 무궁무진하다.

그런데 등잔 밑이 어둡다는 속담처럼 부모 눈에는 이런 장점은 보이지 않고, 숫자로 드러난 성적만 가지고 자녀를 판단하고 한심하다고 한다. **부모에게 부정당하고 인정받지 못한 자녀는 위축되고 자신감이 없다.** 나이가 어릴 때는 별로 드러나지 않을지 모르지만, 아이가 어느 정도 자라면 그때부터는 판세가 역전되어 아이가 부모를 부정하게 된다.

아이가 어릴 때는 부모 손아귀에 잡히는 것 같지만 크면 달라진다. 반항하는 아이는 그래도 좀 낫다. 자기표현을 하고 있는 것이고, 아이가 반항을 하면 부모도 문제의 심각성을 깨닫고 한번은 돌아보게 된다. 문제는 순하고 순종적인 아이들이다. 안으로 곪고 있는 경우가 많고 더 이상 참을 수 없을 지경이 되어 밖으로 터져버리면 정말 걷잡을 수 없는 상황이 되기 때문이다.

아이가 착하다, 순해터졌다, 그래서 야무지지 못하다는 식으로 부모가 아이를 임의로 진단하고 아이의 한계를 정하지 말자. 심리학에서는 이를 '자기 성취 예언(self-fulfilling prophecy)' 혹은 라벨링(labelling)이라 한다. 예를 들어 어떤 아이에게 애가 느려터지고 칠칠맞다 등으로 꼬리표를 붙여버리면 아이는 이를 자기 정체성으로 받아들이고 은연중에 더 그렇게 될 수 있다는 것이다.

부모들이 아이에 대해 '성적도 별로면서 독하지도 못해서 결과가 별로다' 식의 이야기를 아무렇지도 않게 말하는 것을 듣게 되는데, 한국 사회가 경쟁이 치열한 곳이다 보니 아이에게 자극을 주기 위해 하는 말이라고 해도 이는 아이에게 전혀 도움이 되지 않는 말이다. 아이에게 꼬리표를 붙이는 것, 정말 조심해야 한다.

✦ 02 ✦

아버지 역할도 어머니만큼 중요하다

중고등학교에서 학생 부모님에게 꼭 전해드릴 일이 있어 상담을 하다 보면, "애 아빠한테는 말하지 말아주세요"라고 하는 경우가 꽤 있다. 사춘기 아이와 아빠와의 갈등이 너무 심하기 때문에 엄마 선에서 해결하겠다는 표현이다.

한국의 직장문화가 많이 변했다고는 하지만 여전히 한국 아버지들은 아이가 어린 시기에 직장일로 한창 바쁜 시기일 경우가 많다. 퇴근하고 집에 와도 너무 피곤해서 자녀가 예쁘지만 눈으로 보기만 하는 경우도 꽤 있다. 소파에 누워 휴대폰을 하거나 TV를 보면서 말 그대로 눈으로 보기만 하는 것이다.

이렇게 정신없이 지내다 어느 날 쑥 커 있는 아이를 보게 된다. 예전처럼 순하고 예쁘기만 한 모습이 아니라 이제는 말대답도 하고 버릇도 없고 엉망이다. '라떼'는 상상도 할 수 없었던 말과 행동을 한다. 처음에는 잘 타이른다고 말로 나무랐는데 그동안 소통이 많지 않았던 아이는 아빠의 나무라는 말에 거칠게 반응을 한다. 이에 아버지도 '니가 싸가지가 없으니 아빠인 나도 성질 있다는 걸 보여주마'라며 폭발한다. 전쟁의 시작인 것이다. 심하면 물리적 폭력이 일어나는 경우도 있다. 이쯤 되면 아이들은 더욱 더 아빠와의 소통을 거부하고 이제 돌이킬 수 없는 지경에 이른다.

아이의 사춘기가 어느 날 갑자기 시작된 건 아닐 것이다. 눈치채지 못했을 뿐이다. 요즘 아이들은 사춘기가 왜 이리 심하게 오느냐? 유난하다고 하는 분들이 있다. 예전에 비해서 그렇다는 이야기다. 하지만 요즘 아이들이 받는 압력이나 스트레스를 생각하면 유난하다고 할 수도 없는 노릇이다.

그런데 학급에서 아이들을 보다 보면 사춘기라고 할 것도 없을 만큼 부드럽게 그 시기를 잘 넘기는 학생들이 있다. 비결을 알고 싶어 이야기를 하다 보면 어머니는 물론이고 아버지와도 관계가 좋은 아이들이 많다. 어렸을 때부터 꾸준한 소통을 통해 아빠와 학교생활 이야기도 많이 나누고 아빠가 좋은 멘토가 되어주는 아이들 말이다.

서점에 가서 자녀교육서들을 보면 제목에 '엄마~'로 시작하는 책들이 참 많다. 좀 아쉬운 부분이다. 자녀 양육은 엄마 아빠를 나눠서 생각할 문제가 아니다. 학교에서의 경험상 어머니 아버지가 아이에게 끼치는 영향은 경중이 다르지 않기 때문이다.

교육 분야에 있다 보니 아이 친구 엄마들을 비롯한 지인들도 교육에 대한 질문도 많이 하고, 함께 박물관 등 아이들 주말체험을 가는 일도 많았다. 그러다 보니 자연스럽게 자녀교육에 헌신적인 엄마들을 많이 만나게 되었는데 개중에는 정말 혀를 내두를 정도로 빈틈없고 열정적으로 자녀에게 헌신하는 어머니들도 많았다. 그런데 이 엄마들의 문제라면 문제라는 것이 자녀교육에 관한 모든 것을 본인 혼자서 다 짊어지려 한다는 것이다.

남편과 보육을 나눠서 해보라고 하면, "남편이 하는 걸 보면 못 미덥다"고 한다. "주말에 남편한테 아이 좀 보라고 하고 어딜 다녀오면 종일 TV 보고, 라면 끓여 먹이고 애를 방치하는 것 같아요", "아이들을 아주 쫀쫀하게 관리해놓았는데 아빠랑 두고 나갔다 오면 애들이 확 풀어져서 잡기 힘들어요." 이런 말씀을 하신다.

이런 이야기를 들으면 나의 예전 모습을 보는 것 같아 슬그머니 웃음이 나기도 했다. 학교에 근무하며 아이가 이미 태어나기 전부터 온갖 육아서, 자녀교육서, 부모교육 강의를 섭렵한 나에게 남편의 육아방식은 어처구니없어 보일 때가 많았다. 남편이 내 기준에 맞지 않게 아이와 대화를 하거나 음식을 먹일 때면 속으로 '교육학적으로 저때는 이렇게 말해줘야 하는데', '아… 자녀교육 전문가들이 저렇게 하기보다는 이렇게 하라고 했는데' 등 훈수를 두고 싶을 때가 한두 번이 아니었다. 하지만 점점 시간이 흐르다 보니 정답이 있는 것도 아니고, 길이 하나만 있는 것도 아니라는 것을 깨닫게 되었다.

아직도 생각나는 TV뉴스 인터뷰가 있다. 30대 초반의 아이 엄마인 여성분이었는데 행정고시 합격 후 사법고시에도 합격해 뉴스에 출연한 수재였다. 기자가 "그 어려운 시험들을 한 분야도 아니고 여러 분야에 합격하시다니, 공부하는 게 어렵지 않으세요?"라고 질문하자 그녀는 "공부도 어렵지만 육아가 훨씬 어려워요. 하면 할수록 더 어려운 거 같아요"라고 대답해 기자도 주변 사람들도 다 웃는 장면이었다.

정말 맞는 말이다. 육아와 자녀양육은 하면 할수록 어렵고, 혼자서 다 짊어지고 하려면 더욱 더 그렇다. 돌이켜봤을 때 교과서적인 나의 양육방식과 비교해 엉뚱해 보이던 남편의 방식이 통하는 경우도 있었다. 누구 한 사람의 방식만 고집할 일이 아니었다. 아빠들도 아이와 함께 보내는 시간이 늘다 보면 점점 더 능숙해진다.

모성애가 아이가 태어나는 순간 바로 생기는 것이 아니듯 부성애도 마찬가지다. 어쩌다 한번 라면 먹는다고, 혹시 교육적 활동으로 꽉 찬 하루가 아니라고 해도 큰일나는 건 아니지 않는가?

육아와 양육에 남편을 위한 빈틈을 남기는 것이 좋다. 엄마와 아빠가 의견교환을 통해 양육의 기준을 정하는 게 필요하겠지만 엄마가 혼자 다 짊어지고 가려고 하면 아빠는 결국 한발 뒤로 물러나게 되고, 아빠와 아이 사이에 생길 수 있는 애틋한 교감의 기회도 빼앗기게 된다. 잘 다져진 아빠와의 관계는 앞서 이야기했듯 사춘기 때 큰 힘이 된다. 남자아이들 경우에는 특히 더 그렇다. 가정에서 아빠가 투명인간이 되지 않도록 하자.

잘 지켜낸 자녀와의 관계는 무적이다

은진(가명)이는 부모님께 순종적이고 시키는 대로 잘 따라 하는 아이였다. 엘리트인 부모님 기대에는 못 미쳤지만 그럴수록 부모님은 은진이에게 전폭적인 지원을 아끼지 않았고, 결과가 마음에 들지 않을 때는 아이를 나무라기도 하고 심하게 몰아세우기도 했다. 허덕이지만 묵묵하게 따르던 은진이는 언젠가부터 가족들과의 관계에 균열이 생겼고, 공부와의 거리가 멀어져갔다. 끊임없이 '힘들다. 나를 내버려둬라'라는 신호를 줬지만 받아들여지지 않았다.

고1 기말고사 이후 은진이는 부모와의 일체의 대화를 거부하기 시작했다. 아이의 저항이 너무도 강했기 때문에 더 이상 공부 쪽으로 아이를 몰고 가기 어렵게 되자 은진이 부모님은 방향을 전환했다. 아이가 방송댄스를 배우겠다고 하면 수도권에 있는 학원 리스트를 뽑아 그 분야의 베스트5 명단을 아이에게 즉각 건네주고, 아이가 웹툰에 흥미를 느끼면 당장 아이를 위해 만화 박물관 관람을 예약했다. 하지만 아이는 그런 것조차 소스라치게 싫어하고 거부하며, "자신을 좀 혼자 있게 해달라. 부모와 어떤 형태의 커뮤니케이션도 하고 싶지 않다"고 하며 마음의 문을 닫고 급기야 학교 등교도 거부하기 시작했다.

이렇게 부모와의 관계가 어그러진 경우에는 학교나 교사도 할 수 있는 게 많지 않다. 그러니 어떤 일이 있어도 자녀와의 관계가 망가지지 않게 잘 가꾸고 지키라고 말씀드리고 싶다. 공부 때문에, 학원 때문에 자식과의 관계가 엉망이 될 것 같다면 당장은 공부와 학원을 버려야 한다. **부모와의 관계가 단단한 아이들은 일탈을 해도 돌아올 힘이 있지만, 그렇지 못하면 정말 뒤늦게 바로잡아보려 해도 돌이킬 수 없는 경우가 많기 때문이다.**

안 그랬던 아이가 반항을 하고 방황을 한다면 부모로서 무척 당황스럽지만 기다려주는 수밖에 없다. 사춘기가 심하게 오는 것은 지금까지 잠재돼 있던 문제가 수면으로 떠오른 것이지 아무 이유 없이 그러는 것이 아니므로 시간이 필요하다. 아이가 어두운 터널을 지날 때 부모의 역할은 환하게 빛나는 순찰등을 켜놓고 멀리서 기다리는 순찰차와 같아야 한다는 말이 있듯, 아이가 언제든 도움을 청할 수 있는 소통 창구를 열어놓고 터널을 무사히 빠져나오도록 해야 한다.

너무 미리 겁먹을 필요는 없다. **관계가 튼튼하다면,** 사춘기 총량의 법칙이라는 원칙처럼 **아이들은 때가 되면 스스로 방황을 끝내고 돌아온다.** 언제 그랬냐는 듯 정신을 차린다. 교사로서 수없이 보아온 일이다. 다만 그것을 끝내는 시기는 오롯이 아이에게 달려 있다. 자식 이기는 부모 없다. 고삐는 이미 아이들 손에 있으므로 응원하면서 기다리는 것이 최선이다.

'최선을 다해라'라는 말보다 더 좋은 말

아이 탓이 아니다. 지금은 아이들이 힘들 수밖에 없는 구조다. 해가 갈수록 인-서울(지방에서도 서울 소재 대학을 지원하는 현상)이 심해지고 있다. 또한 N수생들 적체도 해가 갈수록 심하다.

평균적인 수도권 일반 고등학교에서 잘 알려진 서울 소재 4년제 대학 지원 가능한 등급 마지노선을 2등급~3등급으로 본다. 고등학교 한 반이 25명 정도일 때 2등급(11%)이면 반에서 2~3등이다. 기가 막히지 않은가. 원서를 써볼 수 있는 학생이 한 반에 2, 3명에서 끝난다는 것이다. 학생들에게 문제가 있는 게 아니라 제도와 사회에 문제가 있는 것이다.

이런 상황에서 아이가 잘된다는 것의 의미를 등수가 높아서 명문대학에 입학하는 것이라 정의한다면 애초에 대다수 학생들은

3개년 간 지역별 대학의 수도권 대학 진학 희망 비율

지역	2020	2021	2022
강원	37.45	43.34	47.92
제주	36.79	40.51	47.21
충남	36.13	41.10	45.56
대전	30.94	35.12	43.30
전북	31.70	36.74	41.82
광주	33.00	36.05	39.65
전남	31.99	33.97	38.35
울산	32.89	34.46	38.24
세종	30.44	35.91	37.36
충북	29.32	31.37	36.22
경북	28.04	31.61	36.07
대구	26.79	29.80	33.52
경남	24.84	25.15	31.34
부산	22.87	25.01	30.41

출처: 진학사 모의지원서비스 이용자 DB(단위: %)

패배자로서의 결말이 예정된 것이나 마찬가지다. 반면에 관점을 달리한다면 이 제로섬 게임에서 모두가 벗어날 수 있다.

'요즘 입시라는 게 그렇게 경쟁이 심하고 치열하니 최선을 다해야지'라고 하며 아이들이 하교 후 하루에 3~4개씩 학원 뺑뺑이를 돌고, 늦은 밤 2~3시간 이상 학원 숙제를 하며, 방학 때면 특강이라는 명목하에 오히려 더 바쁜 현실을 보내는 것을 묵인하지 말

자. 솜털이 보송한 아이 입에서 '잠 한번 실컷 자보는 게 소원이다'라는 말이 나오게 하는 건 최선이라고 포장하기에는 폭력적이다.

우리가 아직 심장이 성인만큼 성장하지 않은 아이에게 100미터를 15초 내에 뛰어야 대표로 뽑힐 수 있으니 '최선을 다해라'라고 한다면? 숨이 가쁜 아이에게 하루에 몇 시간씩 뜀박질을 시키는 사람은 없지 않은가. 모든 분야에 적용되는 원칙을 왜 공부, 성적에만 예외를 두는지 모르겠다.

열심히 해야 하지만 때로는 방향 전환이 필요하다. 포기가 아니라 방향 전환이다. 이 끝이 없는 한 줄 서기에 모두가 승산을 걸 필요는 없다.

시대를 대표하는 지성인이자 교육자였던 이어령 교수는 저서 『젊음의 탄생』에서 "100명의 아이를 한 방향으로 줄을 세우면 1등이 한 명이지만, 100명의 아이를 각자 달리고 싶은 방향으로 달려나가게 하면 100명의 1등이 나온다"고 했다. 이와 같은 석학의 울림 있는 조언처럼, 아이를 부모나 사회가 정해놓은 방향이 아니라 달리고 싶은 방향으로 달리게 하면 내 아이도 1등이 될 수 있다. 아이에게는 '최선을 다해라'라는 말보다 공감과 이해의 말, 응원의 말이 필요하다.

사교육에 매몰되지 않고
아이를 잘 키울 수 있다

부모의 자녀에 대한 사랑, 특히나 한국 부모님들의 자녀에 대한 희생과 사랑은 정말 뜨겁고 진하다.

학기 초 학급 담임으로서 학부모 총회 때 교사가 일방통행 소통을 하는 게 늘 아쉽고 부담스러웠는데, 그러던 중 선배 교사들에게 좋은 팁을 얻어 활용했다. 학생들이 집으로 귀가한 후 학부모 총회를 위해 학급 교실에 오신 학부모들께 간단한 안내사항을 전달한 후, 버츄카드(인성교육 도구로서 감사, 사랑, 화합, 배려 등 52가지 미덕이 담긴 카드)에서 카드를 하나씩 뽑아서 카드에 적혀 있는 키워드를 사용하여 자녀에게 짧은 엽서를 남기는 시간을 가졌다.

반응은 폭발적이었다. 아이 자리에 앉아본 부모들은 가만히 손으로 아이 책상을 쓸어보기도 하고 물끄러미 엽서를 바라보고는 펜을 들다가 감정이 복받쳐 눈물이 고이는 경우도 있다. 같이 자녀를 키우는 입장에서 충분히 이해가 가는 일이다. 이때 나도 속으로 "아이고, 아이 이만큼 키우시느라 고생하셨습니다"라고 읊조리게 된다.

부모들이 아이에게 이것저것 전부 시키고 싶은 것도 결국 너무 사랑하기 때문에 잘 키우고 싶어서일 것이다. 소아정신과 전문의 노경선 박사님은 그의 베스트셀러 『아이를 잘 키운다는 것』에서 아이를 키운다는 것을 "아이가 성인이 되었을 때 독립적인 존재로 자신이 원하는 방식의 행복한 삶을 살 수 있도록 힘을 키워주는 것"이라고 정의했다. 그러면 '잘 키운다는 것은 무엇인가?' 이에 대해 저자는 **"잘 키운다는 것은 마음이 편하고 성격이 좋아 다른 사람들과 잘 지내는 행복한 사람으로 키우는 것"**이라고 정의했다.

40년 넘게 의사로서 아이들을 만나고 최신 두뇌과학을 연구하는 사람이지만 저자는 자녀교육의 본질을 성품 좋은 행복한 사람이 되는 것에 두었다. 그러니 우리가 아이를 잘 키우기 위해 하는 사교육이 아이의 일상을 잠식하고, 아이를 지치게 하고, 마음을 힘들게 한다면 주객이 전도된 것이므로 조정해야 한다.

아마도 한국에서 가장 바쁜 진행자일 방송인 전현무 님은 얼마 전 온라인 에세이를 통해 평생 제너럴리스트로 살아온 입장에서 무언가에 진심인 '덕후'들의 시대, 맛있게 잘 먹기만 해도 되는, 화장만 잘해도 되는 스페셜리스트가 각광받는 지금의 현실이 놀랍기도 하지만 흐뭇하다고 했다. 그렇듯 덕질이 일이 되면 행복하다면서 '당신은 무엇에 진심이신가요?'라는 화두로 대중들에게 큰 반향을 일으켰다.

이렇듯 스페셜리스트로 자신만의 주관식 답을 써내려갈 아이들에게 학창시절은 그 재료를 탐색하고 조금씩 모아가는 시간으로서의 의미가 있다. 취직이 아닌 창직(創職)의 시대가 도래했기 때문이다.

이 책 전반에 걸쳐 필자는 지금 시대의 아이들은,

1. 자기 효능감이 있는 아이
2. 힘든 일이 닥쳤을 때 휘청하더라도 다시 일어서는 아이
3. 인성을 갖추고 부모와 건강한 유대관계를 유지하는 아이

이런 아이로 키워야 한다고 정리했다.

이것이 필자가 초등학교 영어전담으로, 공립 중고등학교 교사로 아이들의 12년 학창시절을 포괄적으로 지켜본 교육전문가로서 말하는 '사교육에 지나치게 의존하지 않고도 잘 자란 아이들'의 비결이다. 또한 소아전문의 노경선 박사가 말하는, 자신이 원하는 방식으로 행복한 삶을 살고 있는 성인으로 성장한 아이들의 비결이다.

이렇게 잘 키우려면 아이 곁에는 멘토가 될 수 있는 좋은 어른, 배울 점이 있는 친구, 아이를 믿고 지지해주는 부모가 필요하다.

이 중에서 믿고 기다려주는 부모의 가치는 말할 수 없이 크다. 부모는 아이에게 가이드라인을 제공하고 길라잡이 역할을 해야 하지만, 동시에 자녀들에게 자신의 관심사와 정체성을 탐구할 수 있는 여백을 허용해야 한다. 자녀가 선택을 하고 결정을 내렸을 때는 이를 존중하지만 결정에 따르는 결과와 책임도 자녀 본인에게 있음을 명확히 알려주어야 한다.

믿고 기다려준다는 것은 정말 큰 사랑이다. 그런 사랑을 받아본 아이는 자기를 사랑하는 법도 배우게 된다. 그러면 인생을 살아가며 힘든 일을 겪을 때도 스스로를 애정으로 다독이며 헤쳐나갈 힘이 생긴다.

남녀 사이에도 지속적인 사랑을 위한 노력이 필요하듯 부모의 자녀에 대한 믿음과 사랑에도 노력이 필요하다. 부모로서 욕심을 버리고 한 발자국 떨어져 '내 아이는 어떤 사람인가' 살피면서 아이를 있는 그대로 바라봐주어야 한다.

우리가 반려동물과 사랑에 빠지는 이유를 생각해보자. 우리가 직장에서 무능력한 사람으로 질책을 받아도, 학교시험을 망치고 돌아온 날에도, 나 자신이 정말 '무가치한 인간'이라고 느껴지는 날에도 문을 열고 들어오면 꼬리를 흔들며 열정적으로 나를 반기는 반려동물들, 내가 잘났든 못났든 나의 존재만으로 기뻐하고 반가워하는 반려견으로부터 우리는 큰 위로와 힘을 얻는다. 하다못해 동물도 주인에게 이런 사랑을 주는데 자녀에게도 그렇게 대할 수 있지 않을까?

점수와 등급으로 아이를 규정하고 내 아이가 적어도 이 정도는 되어야지, 아니면 무슨 쓸모가 있을까? 라고 생각한다면 정말로 아이가 쓸모없게 여겨질 수도 있다. 모름지기 부모란 아이들 능력의 잘남과 모자람에 상관없이 자녀를 편안하게 반겨주는 사람, 힘들 때 먼저 생각나는 안식처가 될 필요가 있다.

얼마 전부터 SNS, 블로그, 강연 등에서 온마음(溫마음)쌤이라는 명칭으로 나를 소개하고 있다. 학창시절은 으레 밥 먹고 잠자는 시간 빼고는 묶여 있는 수형자의 삶처럼 학습과 학원 등으로 쳇바퀴 돌듯 돌아가야 한다는 그릇된 인식을 버리고, 인생에서 가장 빛나야 할 시기의 아이들에게 **학습과 일상의 균형인 학라밸**이 필요하다는 것, 어른들의 워라밸만 중요한 것이 아니라 아이들의 삶의 질에도 따뜻한(溫) 시선과 배려가 절실하다는 것을 알리고 싶어서다.

"나 하나가 소신을 가진다고 무슨 변화를 만들 수 있을까?"라고 생각하지 말자. 나로부터 시작하는 나비효과를 믿으며 부모님들이 아이를 믿고 기다리는 사랑을 지속할 수 있기를 뜨겁게 응원한다. 우리 아이들이 살아갈 시간은 분명 지금까지와는 달라야 한다.

에필로그

　마라톤 레이스와도 같았던 집필을 끝내고 보니 어느새 안온한 봄이 와 있다.

　처음에는 언젠가는 나아질 상황을 기대하며 내가 서 있는 자리에서 내 나름대로 애써본다고 했지만, 변하지 않는 아이들의 현실에 이제 정말 쓰지 않으면 안 될 것 같다는 생각이 들었을 때 책 쓰기를 시작했다.

　이 책을 쓰면서 '내가 모든 걸 다 안다', '내가 경험한 것만이 옳다'라는 사고의 늪에 빠지는 것을 가장 경계하려 했다. 돌다리를 두들기듯 또 두들기고 두드리며 치우치지 않게 관찰하고 기록한 이야기를 들려드리고자 인고의 시간을 보냈다.

　매번 내 책의 첫 번째 독자이자 버팀목이 되어주는 남편 JH, 함께 성장하는 기쁨을 알려준 아들 영을 비롯한 가족들과 출판사 관계자분들, 교사출판작가 모임 '책쓰샘' 선생님들, 학습과 일상이 균형을 이루는 청소년 문화를 위해 함께 치열하게 토론하고 고민하는 '사초연' 선생님들께 고마운 마음을 전하고 싶다.

2023년 여름

온마음쌤(지은정)

내 아이의 학라벨

초판 1쇄 발행   2023년 8월 31일

지 은 이   지은정
펴 낸 이   한승수
펴 낸 곳   문예춘추사

편   집   이상실
디 자 인   박소윤
마 케 팅   박건원, 김홍주

등록번호   제300-1994-16
등록일자   1994년 1월 24일
주   소   서울특별시 마포구 동교로 27길 53, 309호
전   화   02 338 0084
팩   스   02 338 0087
메   일   moonchusa@naver.com

I S B N   978-89-7604-603-1   03590